新视野·文化遗产保护论丛（第一辑）

历史文化名城保护

单霁翔 著

天津大学出版社
TIANJIN UNIVERSITY PRESS

图书在版编目（CIP）数据

历史文化名城保护 / 单霁翔著 . — 天津：天津大学出版社，2015.5（2019.12重印）
（新视野 · 文化遗产保护论丛 . 第 1 辑）
ISBN 978-7-5618-5306-1

Ⅰ . ①历… Ⅱ . ①单… Ⅲ . ①文化名城—保护—研究—中国 Ⅳ . ① TU984.2

中国版本图书馆 CIP 数据核字（2015）第 103268 号

策划编辑 金　磊　韩振平
责任编辑 刘　焱
装帧设计 谷英卉　魏　彬　蒋东明

出版发行 天津大学出版社
地　　址 天津市卫津路 92 号天津大学内（邮编：300072）
电　　话 发行部：022-27403647
网　　址 publish.tju.edu.cn
印　　刷 廊坊市海涛印刷有限公司
经　　销 全国各地新华书店
开　　本 145 mm ×210 mm
印　　张 7.75
字　　数 223 千
版　　次 2015 年 6 月第 1 版
印　　次 2019 年 12 月第 4 次
定　　价 26.00 元

自序：把工作当学问做 把问题当课题解

“新视野·文化遗产保护论丛”陆续出版在即，出版社嘱我写一个作者自序，在心怀为往昔记录的考量下，愿以时间为轴写出自己简短的感言，希望聚焦的是有启迪意义的文化历程，也希望是充满真实情感的“乡愁”。

2011年8月25日清晨接到通知，我将要离开工作近10年的国家文物局，到故宫博物院工作。消息突然，没有精神准备。记得当天上午工作日程是在中国文化遗产研究院做专题报告。一路上，10年来的工作情景在脑海中闪过，想到在走向新的岗位之前，应该对以往工作进行回顾，负责任地进行工作交接，于是到会场后便放弃了已经准备好的多媒体演示内容，改为讲述参与中国文化遗产保护的体会，将近两个小时的畅谈，仍感意犹未尽，充满着回望与寻觅的思绪。

如今回想，当年的工作状态可谓“不堪回首”。就在那天接到通知之前的一周内，还经历了“南征北战”的过程：8月18日在吉林长春为市、县政府领导培训班做文化遗产保护报告；8月20日在西藏拉萨参加中国西藏文化论坛；8月21日在四川雅安参加茶马古道保护研讨会；8月23日和24日在福建福州分别参加全国生态博物馆、涉台文物保护总体规划评审、国家水下文化遗产保护中心福建基地启动、三坊七巷社区博物馆揭牌等活动。

一周数省，这就是当年常态化的工作状况。是什么力量支撑着自己一路前行，除了文物人“敢于担当、乐于奉献”的情结外，恐怕最主要的就是“把工作当学问做、把问题当课题解”的工作方法。不断出现的问题、不断凸现的矛盾和不断涌现的挑战，将时间撕裂成一块块“碎片”，甚至一天之内要几次“脑筋急转弯”。如果不能针对闪过的想法及时停下来思考、面对发现的问题及时静下来反思，就会陷于疲于应付、不堪重负的境地。城乡建设大规模展开的时期，必然是文化遗产保护处于最紧迫、最关键的历史阶段。只有“把工作当学问做、把问题当课题解”，才能在复杂的情况下，夯实基础，居安思危，防患未然；在困难的情况下，深思熟虑，心中有数，底气充足；在紧急的情况下，头脑清醒，敢于直面，坚守底线。

“把工作当学问做、把问题当课题解”的工作方法，需要持之以恒，读书、思考、写作、归纳，早已成为每天的必修课。无论是在考察途中的汽车里，还是在往返的飞机上，特别是每天晚上静坐在书桌前，以电脑为伴，将考察的感想、调研的体会、阅读的心得及时记录下来，这是一次次思绪的梳理、认识的深化。长期下来，居然积攒下上千万字的记录，包括论文、报告、访谈、提案，林林总总，其中既有“一吐为快”的真实感受，也有“深思熟虑”的肺腑之言，还有“临阵磨枪”的即席表达。将它们汇集起来，既是一个时期实践经验的点滴记载，也是一个时代文化遗产事业的综合纪实，还是一个保护工作者不息生命的心灵写作。面对这些海量且繁杂的“原生态”记录，早已萌生出按照内容进行分类归纳的愿望。所幸天津大学出版社伸出援手，以“新视野·文化遗产保护论丛”为名，按照不同内容进行分辑分册，涉及文化遗产保护基础建设、文化遗产保护项目实施和文物博物馆事业发展等各个方面。愿这些内容不仅涉及文化遗产保护的国家意志，也能体现普惠公众的文化遗产教育主题。

一路走来，吴良镛教授的学术思想始终像一座灯塔照亮我前行的方向。“把工作当学问做、把问题当课题解”，源于吴良镛教授所倡导的“融贯的综合研究”理论框架。就是力图从更广阔的视野、更深入的角度，分析和梳理文化遗产之间的内在联系，探索和建立新的文化遗产类型和相应的保护方式，使制约文化遗产事业发展的重点、难点和瓶颈问题不断得以有效解决。实践证明：文化遗产保护、城市文化建设、博物馆发展，在方法上、尺度上、内容上虽然各有不同，但是三者有着共同的研究对象，三位一体进行“融贯的综合研究”，则可以呈现出中国特色文化遗产保护的新视野。

从1984年进入城市规划部门以来，已经30余载；从1994年进入文物系统以来，也已经20余年，其间有不少令人难忘的回忆。有幸在职业生涯的最后一站，来到故宫博物院，一方面继续享受紧张工作带来的压力和挑战，另一方面得以将几十年来积累的体会应用于具体实践。今天，更为突出的感受是，只有“把工作当学问做、把问题当课题解”，且加强全程管理，才能使每一项工作都与细节管理挂起钩来，把桩桩件件事情都做得细之又细，才能获得持续发展的后劲。

北京时间2014年6月22日15时19分，从卡塔尔首都多哈传来喜讯，在第38届世界遗产委员会会议上，“中国大运河”被列入《世界遗产名录》。30分钟后，跨国联合申报的“丝绸之路：长安—天山廊道的路网”也顺利通过评审。作为大运河和丝绸之路保护与申报的参与者和见证者，我格外激动和自豪。2015年5月5日，从文化遗产保护现场又传来好消息，世界文化遗产——大足石刻千手观音造像抢救性保护修复工程竣工，看到“前方”传来修复后的美轮美奂的千手观音造像影像，我激动不已。回想2008年“5·12汶川大地震”后的第8天，我们从四川地震重灾区现场调查灾情后，赶到重庆大足，看望已经800岁高龄的千手观音造像，看到早已满目疮痍的文物本体又被地震殃及，当即决定开展抢救保护工作，将其列为石窟类保护的“一号工程”，如今千手观音造像再现“慈祥的微笑”，得以功德圆满。的确，每当昔日的努力成就今日的收获，都是保护工作者最幸福的时刻。

2006年6月10日，我们曾以无比喜悦的心情迎来了中国第一个“文化遗产日”。10年的奋争，10年的坚守，10年的耕耘，10年的收获。再过半个多月，我们又将以无限期待的心情，迎来中国第十个“文化遗产日”。谨以“新视野·文化遗产保护论丛”献给这一节日，献给长期以来用智慧和汗水呵护文化遗产的文博同人，祝愿祖国的文化遗产永葆尊严；献给长期以来用真情和热心关注文化遗产的社会民众，祝中华文化遗产事业蓬勃发展。

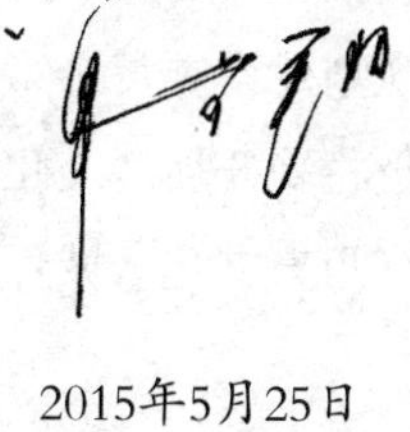

2015年5月25日

目录

抓住时机 加快北京城市建设重点的战略转移 / 008
加强首都文物保护工作的辩证思考 / 018
试论首都规划建设中的几个辩证关系 / 031
发展中的“旧城整体保护” / 039
20 世纪 90 年代北京历史文化名城保护工作的回顾与展望 / 042
进一步发挥“城市广场”功能 / 058
在“京津沪渝穗五城市规划工作交流会”上的发言 / 060
建议开展《北京城市总体规划》调整修订工作 / 068
继承优秀的历史文化传统 促进北京的现代化发展 / 071
抓住机遇 迎接挑战 促进首都规划建设的持续发展 / 079
人文奥运及北京历史文化名城保护规划 / 089
在首都规划建设委员会第 26 次全体会议上的发言 / 099
从“以旧城为中心发展”到“发展新区，保护旧城”
——探讨历史城区保护的科学途径与有机秩序 / 102
在首都规划建设委员会第 27 次全体会议上的发言 / 132
从“功能城市”走向“文化城市”发展路径辨析 / 134
在首都规划建设委员会第 28 次全体会议上的发言 / 164
关于积极稳妥开展“文化遗产之都”活动的提案 / 167
在《南京历史文化名城保护规划》专家咨询会上的讲话 / 171

关于对泰州市城市总体规划专家咨询报告的意见 / 177
在首都规划建设委员会第 30 次全体会议上的发言 / 183
维护持续发展演变的城市类文化景观 / 186
关于将北京旧城整体列为地下文物埋藏区的提案 / 210
在北海荣获国家历史文化名城庆典仪式上的讲话 / 213
在商丘历史文化名城保护座谈会上的讲话 / 215
在首都规划建设委员会第 31 次全体会议上的发言 / 217
在全国政协古都古城遗址保护调研座谈会上的讲话 / 220
在江苏省“历史文化名城名镇名村保护工作”检查会议上的讲话 / 223
在福建省“历史文化名城名镇名村保护工作”检查会议上的讲话 / 226
在天津市“历史文化名城名镇名村保护工作”检查会议上的讲话 / 229
在重庆市“历史文化名城名镇名村保护工作”检查会议上的讲话 / 232
在正定古城整体格局与风貌规划设计方案评审会上的发言 / 234
在北京历史文化名城保护专家工作会议上的发言 / 241
在承德市历史文化名城保护规划专家论证会上的发言 / 245

抓住时机 加快北京城市建设重点的战略转移①

（1995年3月）

国务院关于北京城市总体规划的批复指出：北京城市建设的重点要从市区向远郊区转移，加快远郊城镇的建设，实现人口与产业的合理分布，推动城乡经济和社会协调发展。如何落实国务院批复精神，实现北京城市建设的这一重点转移，是摆在我们城市规划工作者面前的一个重大课题。围绕这一问题，我们对京郊城镇建设情况进行了两周左右的社会调查，驱车千余千米，走访了大兴、怀柔、密云、平谷、顺义、昌平、延庆、门头沟、房山、通县等10个区县，了解在进一步改革开放的形势下京郊城镇建设的新情况、新问题，并与区县领导和基层规划管理人员一起，就如何加快京郊城镇建设进行了分析、研究。

一、京郊城镇建设的新情况

调查中我们看到京郊在走向市场的过程中出现了经济快速发展的可喜变化。一方面，粮食生产的规模经营水平提高，连续夺得了第16个丰收年，形成了一批高水平、高效率的规模农场，劳动生产率有了较大提高。高产、高质、高效农业逐渐成为现实。

① 此文与王文化、孙春龙合著，发表于《规划决策调研先行调研成果选编》，1995年3月版。

农业生产结构得到调整，经济作物生产扩大，菜、肉、鱼、蛋、奶等副食生产得到发展。农民打破传统行业和所有制界限，开始按照效益原则重新组合生产要素，生产、加工、销售一体化，京郊农业开始以新的面貌进入市场、参与竞争。另一方面，乡镇企业上规模、上水平成效显著，远郊地区工业的发展速度已超过了市区，产值比重逐年上升。通县全县2100余家乡镇企业中，就业人数已超过10万人，占全县农村劳动力的52.8%，乡镇企业产值占全县122亿元总产值的80%。京郊涌现出一批生产型的骨干企业，如顺义的顺美服装有限公司、顺添玩具有限公司，密云的密日兴实业股份有限公司，平谷的中燕有限公司，通县的金棠畜产有限公司，等等。顺义县180余家骨干企业完成工业产值44亿多元，占全县1800家乡镇企业产值的60.3%，为全县工农业产值超百亿做出了贡献。商品经济发达带来了经济上的高效益，全市出现了工农业总产值过百亿元的县2个，过十亿元的乡镇5个。京郊395万农民全年人均劳动所得首次突破2000元大关，大兴县农民人均劳动所得已达2892元，向小康目标又前进了一大步。上述现实情况使我们强烈地感到，京郊经济的发展有力地促进了首都的社会进步、市场繁荣，同时也使京郊城镇建设出现了新的局面。

1993年远郊城镇建设中最引人注目的是区县工业区的规划建设。远郊区县经市政府批准设立的工业开发区共20个，总规划用地88.7平方千米，已批准起步区规划用地14.63平方千米。工业区的建设取得可喜进展，特别是基础设施的建设速度较快，基础设施投资已完成15亿元，其中多数工业区已基本完成“七通一平”或“六通一平”。招商引资情况良好，已有1200余家企业入区，600家企业建成投产，1993年创产值18亿元，如昌平科技园区作为起步区的

2.29平方千米用地上，已兴建完成3.6万平方米的标准现代化厂房，建成总长度10千米的7条主干道路，建设了供电、供热、电信系统，以及两个动力开闭电站和一座供热面积达120万平方米的大型集中供热锅炉房。该科技园区入区企业已达190家，技工贸收入达1.8亿元。

远郊城镇建设的另一热点是集贸市场和商业设施的建设。去年远郊各类集贸市场建设发展较快，全年共投资2亿多元，新建市场50多个，经营摊位上万个。至此，全市已建成各类集贸市场500多个。市场经营的品种也由过去的单一农副产品发展到粮食、蔬菜、水果、土特产、服装、针棉制品、木器、百货、工业品等数百个品种，一些市场还逐渐趋于专业化。今日京郊的集贸市场已不再是传统意义的集贸市场，而是国家、集体、私营企业和城乡工商业者共同竞争的，包括消费品、生产资料、生产要素等多重组合的大市场。如密云县市场建设走上健康发展的轨道，在已有41个各类大中型市场的基础上，投资2300万元，建起了8个大型市场，为全县商品大流通创造了条件。去年远郊区县还加快了大型商业设施的建设，顺义县国泰大厦、通县银地大厦等6个建筑面积在1万平方米以上的大型商场建成开业，结束了远郊区县没有大型商场的历史，一些区县还开始建设布局集中的商业街，如密云县鼓楼广场的商业街已初具规模，怀柔南大街“不夜街”工程已建成集商业、娱乐、居住于一体的经营用房6幢。集贸市场和商业设施的建设，推动了农村经济的发展，吸收了大量剩余劳动力就业，为国家增加了财政收入，促进了城镇建设。

第三个方面是京郊城镇住宅建设和新农村建设的速度大大加快，实行新区开发与危旧房改造相结合，建成综合性住宅小区10余个，平谷、顺义、大兴等城镇已初步解决了住房难的问题。如大兴县住宅建设快速发展，三年竣工面积累计20多万平方米。顺义县坚持新区开发与旧城改造相结合的原则，建成义宾、石园等居住小区，总面积达60多万平方米，平均每年竣工住宅楼5万平方米以上。通县全县投资1.25亿元，完成了47个村的改造规划，其中20个新村开工建设，已有万余农民住上新的单元楼，仅大稿、果园、疃里等村就竣工60余栋住宅楼房。

二、当前京郊城镇建设存在的主要问题

第一是远郊城镇的发展规模与建设速度问题。虽然远郊各城镇在工业开发区、集贸市场及商业设施、住宅等建设方面取得了可喜成就，但是就城镇整体规模而言，发展缓慢。目前，京郊14个规划县城和卫星城现状人口不足90万，除了通州镇、门城镇、房山区中心、黄村镇和顺义镇等5个城镇规模在10万人以上，其他现有的70多个建制镇规模均不足10万人，大于5000人的也仅有25个。大多数城镇由于规模制约，经济实力有限，功能不够完善。而北京市中心地区是一个人口数量高达550万人的特大城市，中心城市过于庞大，对全市范围内的经济和人口产生强大的磁力作用，造成人口的向心流动，从而抑制了京郊城镇的发育，加剧了城镇体系的不平衡。从城镇体系等级看，市区与卫星城之间的规模相差过于悬殊，卫星城镇与市区相比缺乏吸引力。

第二是京郊各城镇与市区之间的交通联系不够方便。随着经济的发展，就业人口增多，市区与卫星城镇之间联系增多，交通日趋频繁。但是目前除沙河、昌平、门城、通州和黄村与市区有公共汽车联系外，其他远郊城镇只能依靠市郊长途汽车或火车与

市区联系，而且班次少、运行时间长。公路方面，虽然京郊的放射线公路系统骨架已初步形成，但是还远未完善，缺少快速大容量的交通走廊，还没有快速轨道交通，通信设施条件虽有改善，但仍很不够。

第三是远郊城镇本身的基础设施和社会服务设施不健全。无论是供水、排水、电力、电信、供气、供热，还是城镇内部的道路交通设施，都还不能适应城镇迅速发展的需要，距现代化城镇的要求相差甚远。如目前除门头沟镇由河水厂供水外，其他城镇均由地下水厂和单位自备井供水，其中多数县城、卫星城镇供水能力不足。一半城镇尚没有自来水厂，供水水质得不到保证，不仅影响城镇居民生活，也制约了这些城镇的建设发展。远郊城镇污水排除和处理设施也不健全，造成地表、地下水源污染。在城镇社会服务设施方面，青少年和老年活动站等群众文化活动场所及卫生医疗设施还存

北京历史文化名城景观

在质和量的不足问题，教育设施、商业服务等也不能满足人民群众日益增长的物质及文化生活的需要。如作为京郊教育先进单位的怀柔县，由于人口出生高峰的影响，也将出现中小学校舍不足的问题，急需建设“五中”“五小”等教育设施。

第四是乡镇企业布局分散，这是在城镇建设方面亟待解决的一个问题。目前乡镇企业已成为集镇建设的重要角色，总的来看，京郊乡镇企业在自身发展的过程中与城镇经济建设相得益彰。在乡镇企业蓬勃发展的情况下，也出现了乡镇工业布局分散的问题。由于行政体制、规划以及管理措施没有及时跟上，不少地区出现了“村村点火，处处冒烟”的状况，以致乡镇企业分布在2000多个自然村。由于大多数乡镇企业布局散乱，产生多种弊病，一是基础设施难以配套，二是环境污染日渐突出，三是用地浪费，四是信息闭塞、低水平竞争、重复建设、资源利用浪费。但是因为启动成本低、开办费用少、“离土不离村”或“亦工亦农”等原因，使分散办企业的趋势难以控制。

三、关于京郊城镇建设的几点建议

1. 要采取果断措施实施城市建设的重点转移

北京人口发展的主要矛盾在市区，目前全市常住人口中80%以上的城市人口集中在仅占全市土地面积6%的市区范围内，而且每年以10万人的速度增长，而市区的城市发展用地只有600平方千米左右，如不严格加以控制，人口发展规模将大大超过市区的合理容量。这不但会加剧目前已出现的交通堵塞、水源不足、住房拥挤、能源短缺、环境质量下降等“大城市病”，而且势必造成市区不断向外“摊大饼”，大量侵吞周围的绿色空间，破坏“分散集团式”的城市布局，严重影响首都城市功能的发挥。因此实行城市建设的重点从市区向远郊转移，不但是必要的，而且是十分紧迫的，不能延误时机，必须立即采取果断措施。在人口政策方面要更为严格地控制市区的人口规模，有计划地向远郊疏导人口，要制定和实施从严控制、积极疏导的各项政策和措施。在建设项目方面，确需在京建设，又非必须在市区的新建项目，一定要安排到远郊去。要有计划、有步骤地迁出不宜在市区内发展的企事业单位，并制定相应措施鼓励市区内企事业单位、工厂到远郊区去搞合作项目，在规划建筑量分布方面必须加大远郊地区的房屋建设量，逐步扭转目前房屋建设量80%集中在市区的局面，逐年提高远郊地区的建房比例。

2. 转移的重点是加快远郊城镇的建设

据预测到20世纪末京郊的工业产值将占全市工业总产值的50%，从事第二、第三产业的农民将占农业人口的80%左右。这股强大的从农业到工业，从农村到城镇的洪流，如何走向、如何疏导，是一个牵扯到北京城乡建设布局的重大问题。无论从控制市区规模的要求看，还是从农村新的产业大军流动的趋势看，必将有数以百万计的人口要流入京郊城镇这一地域，这一地域内将要形成若干新的产业和人口的集聚地，物资流通、商业服务、金融保险、文化教育、房地产开发等第三产业都将以这些集聚地为中心，不断丰富内容，拓展领域，形成规模，从而影响北京城乡的格局，使城镇体系逐步完善。面对今天“山区农民要下山、平原区农民要进城、市区人口要疏散”的新形势，必须抓住机遇，对京郊城镇体系实行统一规划。京郊城镇体系中卫星城和中心镇的建设是实现转移的关键。要积极发展卫星城镇，集中力量建设一批中心镇，才能带动周围地区乡镇的发展，实现人口和产业的合理布局。

3. 合理确定近期应集中建设的远郊城镇

为了适应北京人口的较快增长趋势，近期应选择若干优先发展的远郊城镇，尽快形成良好的生活设施和环境条件，使之有利于吸引市区和部分远郊区的人口。哪些城镇近期应集中力量进行建设呢？从北京的实际情况分析，应是具备以下条件的城镇：一是在交通位置上处于进入中心城市的咽喉要道附近；二是在产业分布上位于市区产业向外扩散和优化转移的合理区位；三是在城镇功能上，能成为中心城市经济辐射和聚集功能的“一传手”；四是在城镇基础设施建设上具备近期建设发展的条件。具体来说，在北京对外放射道路系统中有6条国道被确定为高速公路，分别是京榆公路、京津塘公路、京开公路、京石公路、京包公路和京承公路京密段。以上6条主要对外放射线与公路二环的交叉处、离市区20~30千米的城镇分别为通州、亦庄、黄村、良乡、沙河和后沙峪。今后若干年这些城镇将成为北京城乡经济发展的热点地区，应发展为40万 ~ 50万人的中等城市，其中通州、亦庄、黄村位于北京的东南方向，联系着广大中原腹地和经济发达的沿海地区，将会有更大的发展。今后几年在普遍发展卫星城和中心镇的基础上，应集中资金、集中力量对这些卫星城镇进行重点开发建设。

4. 要大力加强京郊城镇的基础设施建设

道路、供水、污水处理、电力、电信、供热、供气等基础设施是城镇发展的先决条件，同时也是其发展的制约因素。因此必须优先研究解决，要下大力气逐步修建高速公路或高等级公路，优先解决与市区的快速便捷的交通联系，并创造条件发展轨道交通。要建立比较完善的供水系统，逐步改变供水设施十分落后的状况，在卫星城镇建设一批日供水能力5万立方米以上的水厂；要加强污水处理设施的建设，配套健全污水管理系统；在供电方面应达到每个卫星城镇都有一座以上220千伏变电站，以及与其相应的110千伏电网，使清洁、方便的电能供应得到保证；要提高远郊城镇的综合通信能力，建设微波通信系统；为了方便生活，保护环境，要积极发展远郊城镇的集中供热，建设大、中型集中锅炉房；今后随着跨市域天然气的调入，有天然气长输管线经过的卫星城镇，应尽量用天然气满足当地居民生活和公共福利设施的用气需求，其他城镇也应积极创造条件发展人工煤气或液化石油气。

5. 要大力促使乡镇企业以及各项农村非农产业的发展与京郊城镇建设相结合

多年来，乡镇企业在布局上都是分散的，而工业区的建设使乡镇企业布局相对集中起来，事实证明这个路子符合乡镇企业的发展规律，适应了改革开放、引进外资和京郊第二、三产业快速发展的客观要求。兴办工业开发区，必须和城镇建设的长远规划结合起来，把城镇作为吸收农业剩余劳动力的“大海绵”，有利于增加经济总量，有利于吸引农村人口集中，有利于从四面八方迅速聚集生产力，有利于节约土地和基础设施建设资金，这是京郊经济和社会发展的希望所在、后劲所在。如果能够使远郊开发区按城镇规划要求加速建设，将加强这些城镇的自我发展能力和社会吸引力。

6. 远郊城镇建设也应力求节约用地

当前京郊卫星城镇的土地使用强度不高，相对于现有人口规模来说建设用地的规模已经不小。远郊10个县（区）城的人均建设用地达140平方米左右，大大高于市区人均80平方米的用地水平。

土地是一种有限的资源，可供城镇发展的用地是有限的，21世纪这些城镇人口将比现在扩大3～4倍，而用地不可能相应扩大，因此各城镇必须挖掘现有用地潜力，为今后长远发展留出更多用地来。另外从近期基础设施建设资金的角度来看，也需压缩用地规模，紧凑发展，力求集中财力、物力，成片建设，开发一片，形成一片，收益一片。这将有利于节约基础设施投资，在较短时期内形成城镇面貌。对京郊城镇的工业企业要加强统一规划，按照“相对集中、紧凑发展、节约用地、讲求效益”的原则，集中统一规划。

7. 抓紧制定鼓励远郊城镇发展的政策

目前北京大中型企业有80%集中在土地资源紧缺、环境容量有限、城市设施已超负荷的规划市区内，更新改造困难重重。而已有一定规模的远郊卫星城镇、中心镇是今后市区大中型企业发展的理想地区，可以在那里新建、扩建企业，也可以扩散部分产品或迁出部分车间，到远郊建立生产加工或原材料基地。这样，在一定程度上可增强远郊区县的经济实力，为远郊区县工业水平的提高及建设现代化企业创造条件，推动远郊城镇的发展。同时也要创造条件转移部分市区其他功能，比如在远郊城镇多安排一些会议、文化、体育、娱乐的建设项目，开展国内外经济贸易交流活动，适应将首都建设成为现代化国际城市的需要。为此要抓紧制定包括鼓励企业迁往远郊城镇和鼓励市区人口迁入远郊城镇的政策，要在工业建设、居住政策、工资补贴、文化教育、医疗卫生、商业服务、就业招工、户口管理等方面，将城市中心区所享受的政策给予城镇，并制定各种优惠办法和明确规定，从政策上扶持和促进远郊城镇的发展和建设。

加强首都文物保护工作的辩证思考[1]

（1995年3月）

目前，发展市场经济的新形势，向首都文物事业提出了新的挑战。如何搞好文物事业的改革，及时对未来做出新的预测和部署，这是实践给我们提出的一个重要课题。而在文物保护工作的诸多热点、难点问题中，“点”（文物古迹）与“面”（历史地段）、“保”（科学保护）与“用”（合理利用）、“管”（管理文物市场）与“放”（开放文物市场）的关系，是影响全局的重大问题，必须认真进行分析，做出正确决策。

一、“点”与“面”

进入20世纪90年代，北京市区的旧城改造达到高潮，其规模之大、覆盖面之广、建设速度之快是空前的。仅4个城区被列入计划的旧房改造区就多达百片以上，占城区可建设用地的1/2左右，按此速度建设下去，10年以后北京城市面貌必将会有划时代的改观。也就是说，北京这座具有元、明、清三代古都风貌、被称为世界城市建设史上奇迹的历史文化名城，在这个世纪之交，其城市风貌向何处去的历史责任，不可推卸地落在了我们这一代的肩

① 此文发表于《北京文博》，1995年第1期。

上。因此，如何正确处理好保护与改造的关系，又再次成为社会各界关注的问题，争论十分激烈。

历史上北京城的各项基础设施比较落后，今天为了适应现代化生活的需要，必须加速对城市的改造，新陈代谢是必然的规律，不可能原封不动地保留古老城市中的一切。在历史长河中，城市中的一切总是要随着时代的要求、社会的发展、生活的变化、技术的进步，经历它发生、发展和衰退的过程，城市永远处在动态之中。强调古都保护，也并不是说要把所有旧的、古的都一直保留下去，古都也需要具有新时代活力的现代化建设，需要新的环境风貌、新的城市格局、新的建设艺术和人文景观。

另一方面，在城市不断改造过程中，人们期待城市精神功能不断加强，期望所熟悉的传统建筑文化以其固有的魅力和深刻的内涵与未来的城市建筑文化一道，以其特有的方式参加到现代生活之中。一个城市只有保留和发展本民族的独特风貌，这个城市才有特色。建设中的北京既要体现现代化大都市的风采，更应当保持古都的独特风貌，这样才是真正现代化的北京，才是在世界城市之林中独具特色的北京。

由此可见，现代化和民族传统应当是统一的，北京的现代化和北京的古都风貌应当是一体的。应该在古都中创造一种既有历史文化传统，又有新的时代气息，新的与旧的交相辉映、和谐共存的城市美。我认为，实现这一目标的有效方法是不但重视“点”的保护，而且重视“面”的保护，即在对各级文物保护单位进行妥善保护的基础上，将文物古迹周围环境影响地区和一些具有保护意义的历史地段，划定为历史文化保护区。

对于“点”的保护，北京市有40多年的工作基础，全市各级文物保护单位总计达到986项，其保护工作引起了各方面的广泛重视，制定了一系列的保护措施。相比之下，对于“面”的保护提出较晚，尚未得到社会各方面的应有重视。但是我认为，当前加强“面”的保护对妥善处理保护与发展的关系具有重要意义，应成为保护工作的重点之一。

1. 历史地段的保护有利于维护城市特色

历史地段是城市景观中不可缺少的重要组成部分。就北京来说，纵横平直的街巷系统、完整谨严的体形秩序、高低有序的空间组合、古建筑与绿地和水面的交融穿插等，正是最可贵的古都风貌，而历史地段的保护将使上述风貌的保护成为可能。如中轴线附近的景山地区、前门大街；皇城之内的南、北池子大街，南、北长街；内城之内的什刹海地区、南锣鼓巷和西四北四合院传统平房保护区，都是历史文化名城的精华所在，保护好这些地

北京景山远眺

区，将为古都风貌的整体保护提供保证。

2. 历史地段的保护有利于城市社会、经济发展

历史地段通过其形象、生动、丰富的内容，能充实人们的精神生活，给人们以知识和美的享受，并能激发人们对故乡故土的热爱，如五四大街、东交民巷、牛街等都有着漫长和特殊的历史，是向人们进行历史唯物主义和爱国主义教育的好材料，历史地段又是吸引来京宾客的重要内容，是开展国际交流、发展旅游事业的重要基础，如琉璃厂街、大栅栏街、颐和园路，都在首都旅游业中发挥着各自独特的作用。另一方面，历史地段内的大部分传统建筑可以通过恢复或改变用途赋予其新的生命，产生良好的经济效益，如旧皇城附近传统四合院民居的地价和房价不断提高。

3. 历史地段的保护有利于妥善解决保护与改造的矛盾

事实证明，做好历史地段的保护工作，对于既是世界著名古都，又要建设现代化国际城市的北京来说，是现实可行的做法。把若干条街、若干个地区认真控制好、保护好，把传统气氛特别浓郁的地方烘托出来，更为集中地展示古都风貌。而对那些距离皇城较远，已经有了相当大的变化，历史文化价值不高的地区，则可较多迁就实现，减少与城市现代化建设的矛盾。有些地区以保护为主，有些地区以改造为主，“有所为有所不为”，这才是更现实、更积极、更稳妥地保护古都风貌的方法。

“点”与“面”的保护是相辅相成的，“面”的保护是“点”的保护的深化和发展。作为“点”来保护的文物建筑是古都中的精华，是现代城市中最高贵的艺术装饰品，应当加倍给予爱惜。而作为“面”来保护的历史地段则往往就是“点”周围的环境影响地区，如国子监街、阜成门内大街、地安门内大街等的保护工作，都为重要文物保护单位创造了良好的环境。文物部门在今后的保护工作中，既要对“点”加以保护，又要担负起“面”的保护责任。

在“点”的方面，一要加强对文物的清查和鉴定工作，逐步增加市、区级文物保护单位。二要加强对在城市改造中可能与城市建设项目发生矛盾的文物保护单位的保护问题研究，及早提出意见。三要加强对地下埋藏文物的保护，坚持在地下文物埋藏区内考古发掘应走在城市建设之前的原则。

在“面”的方面，一要继续在旧城区和广大郊区增划各级历史文化保护区，扩大保护区的内容和类型，逐步形成一个反映北京历史文化名城整体风貌的保护区网络。二要对已经确定的历史文化保护区逐个划定范围，具体制定保护和整治目标，规定保护区内的建筑形式要求，改造保护区内与传统风貌不协调的建筑物和构筑物，逐步恢复保护区独具特色的传统风貌。三要研究对历史文化保护区实施保护的措施，落实保护管理机构，制定保护法规，使历史地段的保护与管理纳入法制轨道。

二、“保”与“用”

1986年北京市提出“科学保护、合理利用”的方针，端正了文物工作的指导思想，对文物事业的改革和发展起了重要的推动作用。时隔8年，随着改革开放形势的发展和市场经济体制的确立，在文物的保护与利用问题上，又反映出一些新的问题，如何摆正社会效益和经济效益的关系，更成为人们关注的一个焦点。其中有两种极端的意见：一种意见认为，文物保护单位是文化事业部门，只能靠国家输血，不可能造血，不能对它提出经济方面的承包责任，甚至认为文物保护单位定得越多，文物保护部门背的包袱就越大。另一种意见认为，文物保护单位主要困难是资金缺少，抓住赚钱的项目就要饥不择食，现阶段先讲经济效益，富裕以后再讲社会效益。这两种意见虽然都不正确，但是代表了两种倾向。

近10年来，北京市、国家文物主管部门以及社会各界加大了文物保护的投入，每年文物修缮资金达4000多万元，每年修缮古建筑面积达数千平方米，这些有力地促进了文物的合理利用。昔日的断壁残垣、人迹罕至的文物遗迹，经过整修得以向社会开放。北京市目前有市级以上文物保护单位209个，其中作为博物馆、展览馆、图书馆、名人故居开放的31个，作为公园开放的22个，作为宗教用途使用开放的13个，作为名胜游览地管理开放的21个，处于自然开放的19个，以上经过修复对外开放的文物保护单位合计106个，占总数的50%以上。这些文物古迹每年约接待一亿游客，发挥着日益重要的社会功能。这些文物的合理利用是几代文物工作者经过不懈努力所取得的成果。我们这一代也不能安于现状、止步不前，必须克服困难，在保护与利用方面有所前进，有所作为。

“保护为主、抢救第一”是我国现时期内文物工作的指导方针，这是毫无疑问的。但是，保护和抢救的目的是什么，首先在于弘扬，只有弘扬才能继承，弘扬才能更有利于保护。因此，我们必须根据北京的实际情况，正确理解国家的文物工作方针。文物具有不可再生的特性，加上固有传统观念影响，长期以来，在文物保护界存在着“保而不用”“秘而不宣”“藏而不露”等思想，影响了文物的合理利用。另外，也的确出现一些文物单位急功近利，不合理使用文物，以赚钱为主要目的，放松了其应尽的社会宣传教育功能。但是，不能认为这是强调“合理利用”带来的后果，因而对“保用结合”方针产生怀疑。文物的保护和利用是不可分割的，保护是前提，利用是目的，利用文物又必须坚持把社会效益放在首位，同时注意经济效益。任何把两者对立起来的看法，或是只抓一面丢掉另一面的做法，都是错误的。在工作中必须不断地反对“只保不用”和“只用不保”两种倾向，摆正保护和利用、社会效益和经济效益的关系，才能把握文物工作的基本方向。

（1）在文物利用问题上要进一步更新观念、解放思想。文物不利用，就不可能保护好。一些文物没有得到很好保护的原因虽然是多方面的，但是长期以来没有处理好保护与利用的关系应该说是一个重要原因。

（2）文物要得到合理的利用首先要正确认识它们的价值。文物古迹的价值不仅在于它的历史价值与艺术价值，更在于历史赋予它服务于当今的、不可替代的文化价值和实用价值。所以根据文物古迹的不同性质，要做出不同的安排，妥善加以利用，赋予新的内容，保护才能落实，文物古迹才具有生命力。

（3）计划经济体制下，社会发展的一切资金全部为国家投放，文物保护的资金来源渠道也当然是单一的，文物保护和利用工作只是政府和文物主管部门之间的事，广大生活在城市中的市民和工商业生产者都没有参与其中的工作。市场经济不仅对社会经济发展，而且对文物保护事业也将产生深远的影响，使其从理论到实践，从内容到方法都会产生深刻的变革。我们城市中星罗棋布的各级文物保护单位和浩瀚纷繁的文物古迹，仅仅依靠国家财政拨款来保护显然是很不现实的。市场经济体制下，文物保护资金来源趋向多元化，如果充分宣传文物古迹的价值，增加其自身的造血能力，国家对文物保护的投资计划将不再是文物事业发展的唯一的资金来源，市场将成为事业发展的重要动力。国营、集体、个人、国内外金融机构、外资集团，都可能成为文物事业的投资者，都来参与我们的工作，使文物古迹得到合理的利用，并必然会带来巨大的社会效益和可观的经济效益。

北京近10年来在合理利用文物方面已有了良好的开端。如将以永乐大钟而著称的大钟寺建设成为古钟博物馆，成功地弘扬了祖国的钟文化；以国内最精美的金刚宝座塔为中心，将五塔寺开放成为一个石刻艺术博物馆，陈列了各处抢救来的近两千件石刻和石雕文物珍品；将院内苍松古柏、花木幽胜的昔日皇家行宫万寿寺，建设成为收藏、研究、宣传中国古代艺术精品的艺术博物馆；将古代祭山川、风云、雷雨的先农坛古建筑群，建成了国内仅有的古代建筑博物馆，展示了各个历史时代中国建筑的模型、图纸、照片和建筑实物构件，成为学习中国建筑史的好课堂。上述合理利用文物的成功经验，是利用一个文物保护单位为基地，挖掘它独具特色的历史文化价值，然后收集与其有关的相似类型的文物，把它们集中在一起保存、研究和展出，使之成为一个专业博物馆。这样做的结果，不仅保护了文物古迹，而且保护了一大批珍贵的文物。实践证明，这是合理利用文物古迹的好办法。北京可以利用的文物古迹还很多，需要建设的文物博物馆设施也不少，除已经利用金代水关遗址筹建辽金城垣博物馆，利用琉璃河出土文物筹建商周博物馆，利用新修复的清初著名会馆——湖广会馆戏楼筹建北京戏剧博物馆，今后若干年还可以完成以下专业博物馆，如以现存精美的辽代古塔——天宁寺塔为中心，建设北京古塔博物馆；利用明清两代北京粮仓之一的南新仓，建设北京漕运博物馆；利用东岳庙建设北京民俗文化博物馆；利用东南城角楼和修复后的城墙，建设北京城墙博物馆；利用北京的数座四合院民居分别建设北京四合院博物馆、北京胡同文化博物馆、北京古代家居博物馆。通过这些，我们将进一步证明文物古迹的使用价值。一是文物具有的使用价值，它可以作为博物馆、游览景点供人们游览、观赏。二是文物的经济价值，它可以从开放及多种经营中得到经济收入，成为文博事业的财源。三是文物的社会价值，它可以为城市的社会生活提供良好的文化环境、教育场所和反映地方文化的基础。当然，合理利用文物应区别情况，分级利用，除原状开放和利用文物设立博物馆之外，在加强保护的前提下，也允许赋予文物其他用途，但是必须突出这些文物的自身特色和潜在文化资源，要杜绝野蛮开发和随意拆改文物的原状。进一步使文物古迹得到合理利用的另一件工作，是对其环境的清理净化工作，拆除那些损害文物古迹环境的“败笔”，目前有相当数量的文物古迹都存在这样的问题，如故宫筒子河两岸的破旧危房、圆明园遗址内的数百户居民、天坛坛墙内外的经营单位、大钟寺西路的食品厂、占据白塔寺山门的副食商店、先农坛神厨内至今仍机器轰鸣的加工车间，还有一批被列为文物保护单位的传统四合院，院内住户拥挤，添建了许多简易房屋，改变了原有格局，拆除了原有的檐廊、垂花门、墁地砖，所有这些都到了应该解决的时候了。今后若干年应努力创造条件使这些问题得以解决，使文物古迹得到进一步合理的利用。

文物的保护和利用的潜力还很大，我们要不断挖掘文物工作自身蕴藏的能量与活力，尽快使文物的保护与利用工作转入良性循环。

在“保”的方面，一是要积极采取措施对已公布的文物保护单位更快、更好地予以修缮，特别在今后5年内要对濒于损毁的市级以上文物保护单位全部进行抢救，不出险情。二是要加强文物古迹周围环境的治理，在今后5年内要争取完成圆明园遗址地区、故宫筒子河两侧、天坛坛墙内外的环境治理。三是要努力改变对文物古迹不合理的使用状况，在今后五年内要积极争取解决大钟寺、万寿寺、白塔寺、先农坛等处多年遗留问题。在“用”的方面，一是进一步开辟文物利用的新途径，争取在今后5年内，使对外开放的市级文物保护单位再增加40～50个，总数达150个左右。二是进一步利用文物古迹兴建各类博物馆，争取在今后5年内，使北京博物馆总数达到100座以上，实现每10万市民拥有一座博物馆的目标。三是进一步加强文物保护单位的爱国主义教育功能，争取在今后5年内，再确定一批青少年教育基地。

三、“管”与“放”

在建立市场经济的新形势下，文物要不要进入市场和如何适度地开放文物市场，这些问题是近年来社会上争议较多，看法很不一致的热点问题。正确的回答应该是，文物市场可以适度开放，现行的文物市场管理体制必须改革，关键是要把握好“管”与“放”的尺度。

长期以来，我国在文物市场管理体制上奉行的是“三统一”方针，即统一经营、统一收购、统一价格。其核心内容是“统一经营”，即由国家文物部门在文物市场上实行独家专营，按照有关法规，流散在民间的文物不许自由买卖，私人收藏的文物只能由国家文物商店收购，人们要想收藏清代以前的文物，只能到这些商店购买才被视为合法，文物经营完全纳入计划经济管理的轨道。而这些文物内销商店的主要任务又是为国内各博物馆服务，真正上市的商品无论是品位、质量都很低，价格却偏高，根本满足不了国内外文物爱好者的需求，于是顾客寥寥，门可罗雀。这一现实，迫使人们普遍产生了一种错误认识：文物的收藏与鉴赏只是少数专家学者、名流要人的事，购买文物则更成为外国人的特权。由此产生的结果是广大民众中的文物意识日渐淡薄。更令人痛心的是文物被破坏、丢弃的现象时有发生，如用秦砖汉瓦铺路垒圈，用殷铜宋瓷装水盛饭，用隋唐石碑和长城砖盖房基的事例屡见不鲜。而一块长城砖在国外展览需要武装警卫严加看守。这一现实又给人们造成迷惑，再珍贵的文物，不管是怎么毁掉的，都可以不追究责任，“卖文物有罪、毁文物有理”。造成这种情况的根本原因是文物的真正价值得不到发掘和承认，也就谈不到如何去珍惜、保护它。

文物虽然不同于一般商品，但它毕竟也具有一定的经济价值，文物保护工作不可避免地要同市场经济接轨。另一方面，随着对外经济交往的增加和旅游业蓬勃发展，国内文物商店又不可避免地要逐步走向世界市场。这种国内市场与世界市场的接轨，迫使过去那种封闭式的关起国门、店门做生意的传统经营方针不可能再存在下去，长期以来文物市场管理体制中的“三统一”方针也难以继续维持。特别是近几年，文物部门监管的旧货市场相继出现，允许私人经营近百年来文物价值不高的旧工艺品，国际国内文物交流的增加以及文物拍卖的试办，使文物经营的格局与方式发生重大变化。在此情况下，继续执行高度统一经营的管理体制，将严重束缚国营文物公司的手脚，使它们无法作为企业平等参与市场竞争，处境必将越来越困难。因此文物进入市场成为客观需要，适度开放文物市场更是改革开放的大势所趋。

1. 适度开放文物市场有利于更好地弘扬民族文化

中华民族有5000年的文明史，在漫长的岁月里，祖先留下了丰富的文化遗产。一部分保存在各博物馆里，更大部分则流散在民间，深藏于各家各户的箱底、柜中。通过文物的流通，可以使人们在市场上直接欣赏、购买到过去难以见到的民间文物商品，了解祖国优秀的文化遗产，有利于激发全社会对祖国文物、中华民族文化的热爱之情，有利于提高全民族的文物意识和文化素质。

2. 适度开放文物市场有利于实现文物的价值

文物具有双重价值：一是它的社会价值，即它所显示的历史、艺术和科学价值；二是它的经济价值，这是由它自身的商品属性所决定的。过去只重视文物的社会价值而忽视它的经济价值，而文物流通是实现文物综合价值的有效途径，因为文物的价值需要通过市场来检验。另一方面，在流通中通过交换和市场竞争，人们才能真正认识到文物的实际价值，从而更加珍惜和爱护文物。文物流通有利于藏宝于民，调动全社会保护文物的积极性，文物由持有者手中转移到收藏家手中，被更为妥善地保护起来，并可以带动文物研究、整理、修复、复制等行业的兴起。

3. 适度开放文物市场有利于增强文物保护工作的经济实力

我们这样一个文物储藏量丰富的世界著名古都，不可能仅仅依靠国家财政拨款保护文物。目前由于资金短缺，具有现代化储藏条件的文物库房无力建设，库房内许多珍贵文物被像对待多余物质一样摊在那里，字画在变脆、古籍在发霉、器物在生锈，让人看了心痛，并且存在极大安全隐患。文物工作者时常叹息“要保护、没有钱，要利用、没有权”，这表明文物管理体制急需改革，在文物保护与利用上，存在着不少问题亟待解决。作为国家文物保护和经营单位，应该按经济规律办事，有购有销，有进有出，卖出一些大量重复的“线”上文物，以收购一些孤品、精品，这样可以更好地收购和保存文物，保护更多有价值的文物。市文物局所属文物公司库存近250万件文物，其中允许出口的一般文物占绝大部分，如果能有计划地投放，既可以收回大量被长期积压的资金，又可以利用一部分资金建设现代化文物库房，使更多的珍贵文物得到精心保管，从而给文物保护工作带来巨大的社会效益和可观的经济效益。

综上所述，今后我们在文物市场的管理工作中，要正确认识当前经济体制改革的新形势，通过深入调查研究，掌握市场的自身规律，从北京的实际情况出发，把握好文物市场“管”与“放”的尺度。

在“管”的方面，一要坚持由文物行政管理部门依法对全市的文物市场进行统一管理。二要坚持只能由文物行政管理部门依法批准的文物经营单位在批准的范围内经营。三要坚持文物鉴定部门加强内销文物鉴定，确保珍贵文物不流失。在“放”的方面，一要在近年内有计划、有步骤地建立起多种经济成分和多层次的文物经营的新格局，使散落在民间的文物能够通过多种渠道合法进入文物商品市场，并按市场规律去流通。特别要扩大文物的境内销售，开辟内销的货源。二要通过几年的努力，不断提高文物监管市场的水平，并根据民间流通的需要逐步扩大规模。三要改善国营文物公司的经营，积极参加市场竞争，同时开展文物拍卖、寄售、租赁、鉴定、咨询等业务活动，使国营文物公司在文物流通中发挥主渠道的作用。

试论首都规划建设中的几个辩证关系[1]

（1995 年 9 月）

1993年国务院批复的《北京城市总体规划》，是指导20世纪末至21世纪初首都城市建设的宏伟蓝图。如何落实规划的各项要求，及时对北京的未来发展做出新的战略部署和相应的调整，是当前规划工作的重点。在北京规划建设错综复杂的矛盾中，控制与发展、分散与集中、传统与现代的关系，是影响全局的重大问题。

一、控制与发展

城市规划是城市建设的依据。城市性质确定之后，城市规模即成为发展战略中的首要问题，其中人口规模又是城市规模的决定因素。北京市1983年制定的总体规划曾明确提出，严格控制城市人口规模是搞好首都建设的关键，2000年以前，要坚决把人口规模控制在1000万左右。然而，仅仅5年后，事实无情地打破了规划的设想，1988年年底全市人口突破了1000万大关，提前11年达到了规划控制目标。从那时至今，又有6年过去了，人口规模仍在以每年15万的速度猛增。事实使人们深思，为什么人口规模会如此轻而易举地超过了指标？如果人口规模这一规划前提尚不科学的话，规划内

① 此文发表于《北京规划建设》，1995 年第 5 期。

容又怎么能符合实际情况？历史证明，城市规模不仅随政治、经济形势的变化而变化，而且有着自身的发展规律，硬性规定是不行的。

目前，对控制与发展有截然不同的观点。一种观点认为：城市的发展既然有其客观规律性，人为控制就是违背规律的。另一种观点认为：城市规模继续扩大，有百害而无一利，只要决心大，规模是可以控制住的。显然，这两种观点都具有片面性。如果对城市规模不加控制，任其盲目膨胀，必然会出现大量社会问题，造成严重后果。强调控制无疑是正确的，但是单方面地讲控制是不行的，必须具体分析城市规模增长的原因和利弊，在控制与发展的辩证关系中进行调控。因此，我们应明确以下认识。

1. 发展是大势所趋

北京是12亿人口大国的首都，国家人口在一定程度上决定了首都的规模。北京既要保证中央在京领导全国工作，又要承担繁重的城市职能，必须有一定规模。另外，北京有众多的国家经济管理部门，集中了大量国内一流的科研机构和文教设施，已有的人口集中、信息灵通、经济发达、交通方便等优势，又会产生出新的“磁场”，形成对外界人口的巨大吸引力。人口向首都的集聚，将不可避免地带来城市规模的扩大。

2. 城市规模扩大也有有利的一面

在强调控制的同时，还要看到城市规模的扩大、人口的增加，也带来了城市聚集经济效益的提高。特大城市自身有难以估量的经济效益，这里人才荟萃、知识密集、科技发达、信息灵通，这些都是难以取代的资源。所以，城市规模与经济发展有着密切的互促关系，无视经济发展需要，人为地阻碍城市规模增长，必然严重影响城市发展，降低经济效益和社会效益。

3. 关键是控制什么、发展什么

对发展的理解不应单纯看作是量的增减，更主要的是质的提高，要在突出首都特点、发挥首都优势上做文章。根据北京的实际，要控制重工业，发展高新技术产业；要控制能耗高、水耗多、污染重、占地大的建设项目，发展金融、保险、信息、咨询、旅游和房地产等服务首都、面向全国和世界的第三产业；要控制劳动密集型、技术落后、经济效益低的产业，发展科技事业，加强新技术研究、基础理论研究，以及哲学和社会科学的理论研究；还要发展教育和文化事业，扩大国际交流。

4. 科学技术为发展创造了条件

今天，经济的高速发展和新技术的推广应用，使以往制约城市规模的要素不断变化。内蒙古能源基地电力输京工程、陕甘宁天然气进京工程、南水北调工程等远距离、跨地区的资源输送，将给北京城市规模的发展注入新的活力。京津塘、京石、京榆等高速公路，京九、京沪、京哈等高速铁路，京济宁、京沈哈、京太西等光缆通信干线，这些交通、信息工程，使北京具备了超越空间束缚的技术可能。这样我们在控制与发展的问题上，就可以考虑更长远一些，在空间上可以看得更广阔一些，在规划布局上可以处理得更灵活一些。

以上分析表明，对控制城市规模不能做片面的理解，应该正确认识和处理好控制与发展的辩证关系。控制并不意味着不让城市发展，更不能把控制城市规模同发展经济对立起来，而是要控制它不应发展的方面，积极地、有引导地促进其应发展的方面。如果这一概念不清，就会作茧自缚，甚至可能加剧实现中的矛盾。

二、分散与集中

城市布局是城市建设的基础，城市规模确立之后，它的布局问题便至关重要。北京市早在20世纪50年代就提出了“分散集团式”的布局原则，即在近郊发展起若干相对独立的新建区，与以旧城为中心的中心区组成北京市区，同时在远郊建设卫星城镇。1983年的总体规划再次肯定了这一布局形式，并且为防止市中心区与各新建区连成一片，在其间设立了绿化隔离地带。1993年国务院在关于《北京城市总体规划》的批复中强调：“市区要坚持‘分散集团式’的布局原则，防止城市中心地区与外围组团连成一片”。“要建设完善的城市绿化系统，严格保护并尽快实施规划市区组团间的绿化隔离地区，保证城市地区足够的绿化空间，形成合理的城市框架和发展格局。”

“分散集团式”作为首都城市布局的重要原则已经执行了几十年。目前这一布局形成雏形，但是相当不稳定，全市人口和产业过于集中在市中心区的状况并没有根本性转变，市中心区已经出现了用地、住房、供应、交通、能源、供水和环境的全面紧张，近郊外围也没有能形成有吸引力的新建区。更令人担忧的是近年来，绿化隔离地带不断地被房屋和其他设施挤占、蚕食，处于防不胜防的境况。远郊卫星城由于布局分散、建设重点不突出，尚未形成疏散市区人口和产业的“磁力”。“分散集团式”是北京特有的布局形式，在国内外没有先例，但是它符合北京的实际情况，对于控制市区无限地向外蔓延，保持健全的生态环境都十分有利，应该不遗余力地把它稳定下来。这一布局未能顺利实现的根本原因不在它本身，而是没有给它创造良好的外部条件，在城市建设速度加快，城市规模急剧扩大的形势下，未能及时调整好分散与集中的关系。

1. 分散

今天的城市需要向广阔空间分散，要跳出市区、开拓外围。首先，应增加边缘集团的建设用地，以便形成配套齐全、相对独立的新建区，分散中心区的压力。其次，应集中力量重点建设一些具有相当规模、设施齐全、各有特色的卫星城，起到对中心区的截流作用。除此之外，北京作为未来的国际城市，应在更高的起点上考虑城市的战略布局。上海越江开发浦东，在拥挤的市区之外，开辟了广阔的发展用地，北京也应该尽早明确21世纪新城发展的方向，北京有着与上海不同的情况，几十年来，北京城市建设均衡地向四周展开，致使市区1000多平方千米范围内，已没有与现有市中心区相当规模的用地。北京的“浦东”在哪里？北京东南的“扇形平原”经济发展条件优越，北京21世纪新城应选在此，新城的规模应与目前的市中心相匹配，以强大的“反磁力”使市中心区的规模得以疏散和控制。这一选择还将为今后在京津之间形成中国北部经济最发达的城市群地区创造条件。从更长远来看，北京要加强与周边市县的协作，建立起名副其实的“首都圈”。

2. 集中

今天的城市需要更高质量的集中，充分发挥市中心区的基础与核心作用。北京作为全国的行政中心，具有国家交往、宏观经济管理中心等功能。随着市场经济的建立，今后市中心区的国内外商务活动将日趋频繁，会有更多的金融和涉外办事机构设立。根据国外大城市的发展经验，集中建设高密度、现代化的商务中心区是适应市场经济发展的必然。商务中心区内资金集中、人才集中、信息集中，建设布局也应集中紧凑发展。因此，北京应把市中心地区内占地大、建筑稀、产值低、有污染的企业拆、迁、并、转，提高土地利用率，以适应集中发展的需要。

综上所述，集中与分散相反相成，不能强调“分散”而回避集中，也不能迁就“集中”而忽视分散，只有合理的集中才能促进更好的分散，也只有合理的分散才能带来健康、高效的集中。

三、传统与现代

历史文化名城保护是北京城市规划的重要内容。如何保护好北京这座历史城市的传统特色，同时对其进行现代化改造，是北京城市建设的又一难题。人们对于历史城市保护的认识是逐渐深化的。1983年的总体规划，提出要对文物古迹加以保护，并要求这些地区周围的新建筑在体量、色彩、风格上要与原有建筑和景观相协调，这一内容弥补了20世纪50年代总体规划的不足。1993年重新修订的城市总体规划又进一步明确了历史文化名城的保护要求，并划出了25片历史文化保护区，对城市建设起到了重要指导作用。但是，在微观方面取得成效的同时，宏观方面却发生了问题。随着经济形势好转和各项事业发展，不少旧城内的单位就地膨胀，造成了对古都风貌的破坏。更为严重的是，1984年以来高层建筑迅速发展，旧城内高层建筑的数量现已超过300万平方米，尤其是大量简陋的高层住宅破坏了平缓开阔、起伏有致的城市轮廓，“建设性破坏”使古都风貌再次受到严重威胁。产生这一后果的原因是多方面的，在城市规划中，注意了局部保护而忽视了对城市整体保护是问题的主要原因。

保护古都与建设首都构成了一对特殊的矛盾。作为古都，城内需要有适当数量的老建筑。但是，目前旧城内建筑总量中，新中国成立后新建房屋已占2/3以上，旧房只剩不足1/3。在1000万平方米的旧房中，宫殿、王府、园林、宅邸和较好的四合院民居只有200万平方米，而且时时刻刻都处在被拆、被毁、被改的危急之中，如果再不珍惜保护，后果难以设想。作为首都，城市需要不断增加新内容、新设施，民众生活也需要不断改善。目前旧城内尚有破旧危房数百万平方米，那里的居民期待早日得到改善，同时各项基础设施改建和更新的任务也很大。因此，城市新的建设每日每时都在与古都保护争夺同一有限的空间，保护与改造的矛盾尖锐地摆在我们面前。随着改革开放的日趋发展，保护与改造也面临新问题，第三产业的增加、房地产业的兴起，既为加速旧城现代化改造注入了生机与活力，又使保护工作更为复杂。这就要求我们对传统与现代的关系必须给予重新认识。

传统，对北京城市提出了高质量的保护要求。北京城不但是中国的，也是世界的。它作为中国古代城市长期发展的历史结晶，其规模之大、格局之严谨，世界其他同时期都市不能与之比拟，被誉为"人类在地球上创造的独一无二的工程"，这说明北京城市传统特色的保护具有重要的世界意义。北京城不但是当代的，更是后代的、未来的。人们对历史价值的认识会随着时代的变迁而深化，物质文明和精神文明的发展程度越高，对历史文化遗产越珍惜，对传统风貌的保护就越重视。世界城市的发展以及北京建设的实践都说明了这一点。当前，我国的经济发展还处于初级阶段，规划建设不能超越时代去做当前条件下做不到的事，但是我们要自觉地加强对城市传统风貌的保护，尽可能多地为子孙后代留下宝贵的财富。

现代，对北京城市提出了高质量的建设要求。现代化的国际城市要拥有高效率的工作环境、高质量的居住条件和高标准的基础设施。旧的城市形制，既不能反映时代的精神，又不能满足现代社会生活的需要，更不适应科学技术的发展。我们必须在继承前人留下的历史文化遗产基础上，根据城市发展需要进行取舍，加以改造和创新，使城市在新陈代谢的过程中发展。

基于对传统与现代关系的重新认识，我们今后在工作中应从整体上加强历史文化名城的保护，从城市格局和宏观环境上保护北京的传统风貌特色。新的建筑要体现民族传统、地方特色、时代精神。要采取城市设计的手法，对不同地区提出不同的规划要求，使新旧之间互相协调、融为一体，形成当代中国首都的独特风貌。保护传统应与现代化建设相协调，与社会经济发展、改善民众生活条件相统一，与旧城调整改造相结合。使北京的发展和建设，既保持传统文化特色，又符合现代生活和工作的需要。

历史文化名城的保护与发展，必须是承前启后的，不能把古都保护看作首都建设的负担，也不能为保护古都而放松现代化的建设。传统与现代不是互不相容的，关键在于能否正确处理这种矛盾，处理得好，两者就能相互促进，相得益彰。

总之，正确处理好首都规划建设的这三种主要关系，需要长期的实践与及时的总结，实践向前发展的时候，认识就不能停留在原有阶段。历史在前进、城市在发展，城市规划工作必将随着历史与城市的发展而发展，我们对城市规划工作的认识，亦将是一个动态的、历史的过程。

发展中的“旧城整体保护”①

（2005 年 9 月）

1949年1月31日，昔日的北平、今日的北京和平解放，古都避免了战火的摧残。当年3月，在著名建筑学家梁思成先生完成的《全国重要建筑文物简目》中提出的第一项文物，即“北京城全部”。时隔56年，2005年1月，北京市政府公布了《北京城市总体规划（2004年—2020年）》，其中第7章第61条的题目即为“旧城整体保护”，指出：“应进一步加强旧城的整体保护，制定旧城保护规划，加强旧城城市设计，重点保护旧城的传统空间格局与风貌。”2005年3月25日北京市人大常委会第19次会议通过的《北京历史文化名城保护条例》进一步强调“旧城保护应当坚持整体保护的原则”。“旧城整体保护”这是历史城区保护战略研究的重大成果。56年后这一迟到的成果来之不易，它凝聚了几代城市规划和文物保护工作者的希冀和奋斗，也包含了几十年来我国历史城区保护的经验和教训。

我国各个历史性城市中，有着千百年文化积淀的历史城区，在建造之初就拥有完整的设计理念，形成完整的人文景观，具有较强的整体性特征。城市总体规划是综合性、全局性、战略性的发展蓝图，涉及城市发展的各个领域，城市总体规划首先要明确历史城区不是城市发展的包袱，而是城市发展的财富、资本和动力，树立“保护也是

① 此文发表于《北京规划建设》，2006 年第 5 期。

发展”的观念，从根本上纠正认识上的片面性，正确处理保护与发展的关系，将历史城区的整体保护融入城市总体规划之中。

“整体保护”就要对历史城区的概念进行准确界定，在认真分析特色的基础上，提出相应的整体保护方案。必须认识到，城市的生命与性格、历史与记忆就存在于历史城区的每一方土地、每一寸肌理、每一道天际轮廓线中，因此尤其要从城市格局和宏观环境上保护历史城区。同时对于文物建筑、文化遗址和历史街区的保护，需要从全局的角度研究其空间分布规律和空间整合关系在历史城区整体中的作用和特色定位，将孤立散存的点状和片状结构变成更具保护意义的网状系统，充分发挥出文物建筑、文化遗址和历史街区对提升历史城区整体价值的重要作用。对于历史城区内的建筑更新项目需要在城市的布局、空间的格局、街巷的肌理，以及建筑的平面构成、体量、高度、色彩、空间、整体协调等方面加以规范，以继续保障历史城区为“有规划的整体”。

历史城区是城市之根、文脉之本和风貌之基。历史城区不但蕴含着极其丰富的历史文化信息，而且每个历史城区都有自己的发展特点，这是文化遗产中最为宝贵的部分。要保护好历史城区的整体空间格局、道路网骨架和街巷布局等传统空间形态，强化城市传统轴线、天际轮廓线、重要景观线和传统街道对景走廊等历史空间记忆的“标志”特征。要最大限度地保护文化遗存，将更多的反映历史城区发展进程的各类文化遗产列入保护之列，不断扩大历史文化街区的数量和保护范围，在保护好古代城墙遗址及城郭平面等与历史城区沿革密切相关的地面文化遗产的同时，还要保护好丰富的地下文化遗存。

保持历史城区传统特色方面，北京市在新一轮城市总体规划中明确了10个方面的重点，以达到整体保护的目的：一是保护从永定门至钟鼓楼7.8千米长的明清北京城中轴线的传统风貌特色；二是保护明清北京城“凸”字形城郭；三是整体保护皇城；四是保护旧城内的历史河湖水系；五是保护旧城原有的棋盘式道路网骨架和街巷、胡同的格局；六是保护北京特有的“胡同—四合院”传统的建筑形态；七是分区域严格控制建筑高度，保持旧城平缓开阔的空间形态；八是保护重要景观线和街道对景；九是保护旧城传统建筑色彩和形态特征；十是保护古树名木及大树。

历史城区本身具有“保护”与“发展”的双重任务，这一充满内在矛盾的任务和难题，需要我们创造性地予以解决和克服。保护与发展的相互包容、相互协调，是历史城区未来发展的方向。城市现代化是可持续发展的必然要求，但是，城市在实现现代化过程中，必须继承和发展优秀的历史文化传统。即把保护历史城区作为城市现代化的基础，把城市现代化作为保护历史城区的保证。历史城区内的历史街区和历史建筑及其背景环境具有不可再生性，因此，保护是第一位的。多年来，不少城市在历史城区中把重建一些仿古建筑，或是修建仿古街市，也认为是对历史城区传统风貌的保护，实际上是对保护的误解。新建的仿古建筑和街市不含有真实的历史信息，同时反而会给人们造成认知错觉，起到“以假乱真”的恶劣效果，影响对真正历史文化遗存的保护。

总之，历史城区整体保护的矛盾聚焦在观念、利益和体制方面，问题多而复杂，难以解决，但针对现实的困难仍然能够找出解决的方法。特别是城市化进程加速的今天，尤其不能丧失对历史城区文化价值的基本认识，更要坚定不移地相信它的文化魅力，在今后的发展中精心地保护和继承这一珍贵的文化遗产。

20世纪90年代北京历史文化名城保护工作的回顾与展望①

（1995年12月）

进入20世纪90年代，北京的城市建设呈现高潮，其规模之大、覆盖面之广、建设速度之快是空前的。城市建设部门计划在20世纪末将市区成片危旧房改造完毕，仅此一项就将拆除房屋近500万平方米，动迁居民12万~15万户，投入资金240亿~300亿元，改造面积涉及旧城区总用地的1/3。这一计划如果实现，北京这座具有元、明、清历代古都风貌，被称为世界城市建设史上奇迹的历史文化名城，必将发生划时代的改观，在此形势下，北京的历史文化名城保护事业面临着严峻的挑战。在城区，危旧房改造向中心地段推进，危及到古都风貌和传统街区的保护，甚至造成部分文物建筑的迁建与拆除；在郊区，城市规模的扩大，影响到地下文物遗存的保护，面对这一情况，及时对20世纪90年代前5年历史文化名城保护工作的实践进行回顾和总结，对今后5年历史文化名城保护工作的任务进行研究与确定，是当务之急的重要工作。

一、过去5年工作的回顾

回顾过去5年，对于北京历史文化名城保护工作来说，是勇于探索、积极实践的5年，也是创造成果、取得经验的五年，这些成

① 此文发表于《北京文博》，1995年第2期。

果和经验为今后的历史文化名城保护工作打下了较好的基础。

1. 文物保护得到加强

各级文物保护单位是北京历史文化名城保护的重要内容，几年来这一工作得到了加强。

（1）在已公布了三批市级文物保护单位的基础上，北京市先后于1990年2月和1995年8月公布了第四批（20项）和第五批（56项）市级文物保护单位，使市级以上文物保护单位由189项增加到265项。并且向国务院申报了北京第四批全国重点文物保护单位，使国家级文物保护单位将达到50项左右。同时，几年来还增加、调整了区（县）级文物保护单位。在公布的各级文物保护单位中，注意保护了不同历史时期的文物建筑，如玉皇庙山戎墓遗址（春秋）、大葆台西汉墓遗址（西汉）、古崖居遗址（唐）、金中都水关遗址（金）、白浮泉遗址（元）等，填补了北京城市发展史的若干空白；适当增加了具有民族地方特色的文物建筑，如大栅栏地区劝业场、谦祥益、瑞蚨祥等老字号的门面；还公布了一批优秀近现代建筑和革命纪念建筑，如京师大学堂建筑遗存、燕京大学、清华大学早期建筑，以及东交民巷近代使馆建筑群和西郊民巷近代银行建筑群。

（2）在公布了文物保护单位之后，文物、规划部门根据保护文物古迹的格局、安全、环境和景观的需要，及时划定文物保护单位保护范围及建设控制地带，并已由市政府分四批对其中202项予以公布执行。其中把文物保护单位周围的建设控制地带分为非建设地带、可保留平房地带、允许建筑低层房屋的地带、允许建筑多层房屋的地带和有特殊要求的控制地带等五类区域。市规划、文物部门密切合作，以联合办公会议的形式，对保护范围内的建设工程实施严格控制，对建筑控制地带内拟建工程的性质、高度、形式、体量、色调等进行审查。数年来的实践证明，坚持这一工作制度，对文物保护、城市建设工作起到了积极作用。

（3）20世纪90年代初，全国文物工作会议提出“保护为主，抢救第一”的文物工作方针后，北京市结合实际情况及时调整工作部署，加强了文物的保护和抢救。在文物建筑修缮工作中，一方面，坚持文物价值高、损坏严重的先修，有计划开放和合理利用的先修，有利于首都文化建设的先修的原则，重点完成了正阳门、天宁寺塔、法海寺等39项有较大影响的文物抢险修缮工程和200余项古建工程，使北京市域内国家级和市级文物保护单位达到基本无险情，总维修保护面占文物保护单位的20%左右，总面积达到10万平方米以上。同时，加强了文物修缮工程的质量监督，提高了设计、施工的技术水平。最近竣工的十三陵神路修复和天坛坛墙复建一期工程，均以优秀的质量受到专家与社会的好评。另一方面，坚持“谁使用、谁维修、谁受益”的原则，动员社会各界多渠道筹集资金用于文物保护，初步形成了以政府投资为基础、自筹资金为主体、社会投资为补充的新格局，加快了全市文物修缮步伐。仅1994年统计，全市用于文物古迹修缮的资金达5200万元，其中国家及市财政投资仅占1/5左右，绝大部分来源于文物使用单位自筹和社会集资。十三陵特区近年来把50%的经营利润用于文物保护，连续投资8000余万元对十三陵、居庸关和银山塔林等三处国家级文物保护单位进行了全面修缮，取得了良好的社会、经济及环境效益。

（4）几年来，文物保护工作积极贯彻“科学保护、有效合理利用”的方针，使数十处昔日断壁残垣、人迹罕至的文物古迹，经过整修向社会开放。如将以永乐大钟而著称的大钟寺建成为古钟博物馆，弘扬祖国的钟文化；将拥有国内最精美的金刚宝座塔的真觉寺建成为石刻艺术博物馆，陈列了各处抢救来的近2000件石刻和石雕珍品；将突出体现中国传统建筑艺术布局的昔日皇家行宫万寿寺，建成为收藏、研究、宣传中国古代艺术珍品的艺术博物馆；将古代祭山川、风云、雷雨的先农坛古建筑群，建成为国内仅有的古代建筑博物馆，展示各历史时代中国建筑的模型、图纸、照片和建筑实物构件；将清初著名会馆湖广会馆建成为戏曲博物馆，对北京戏曲艺术进行研究和演出，弘扬原汁原味的“京文化”；利用考古重大发现的金代水关遗址建起了辽金城垣博物馆，宣传北京800多年都城建设的历史；利用琉璃河遗址丰富的出土文物，建成了西周燕都遗址博物馆，展示北京3000多年城市建设的历史。实践证明，以一处文物保护单位为基础，挖掘它独具特色的历史文化价值，并收集与其相关的同类文物，把它们集中在一起保存、研究和展出，使之成为一个专业博物馆，这是合理利用文物古迹的好办法。北京市目前已有120余处市级以上文物保护单位经过修复后对社会开放，占总数的50%左右，其中作为博物馆开放的36处，作为公园和名胜游览地开放的45处。这些文物古迹每年约接待一亿游客，发挥着日益重要的社会功能。

2. 历史地段的保护得到重视

历史地段是指具有某一历史时期大量历史文化遗存的传统街区、历史建筑群和大规模古代遗址，是历史文化名城保护不可缺少的重要组成部分。几年来，历史地段的保护工作逐步得到重视。

（1）1990年11月，北京市公布了25个地段为第一批历史文化保护区，这是北京市历史文化名城保护工作取得的新进展，也是历史文化保护区保护工作的开端。这批历史文化保护区主要集中在旧城区，这是因为北京旧城集中体现了古都的历史文化传统及风貌，是保护历史文化名城的关键地区，同时又是大规模城市建设集中展开的地区。这批历史文化保护区不但包括了旧皇城内的南、北长街，南、北池子，东、西华门大街，景山周围街道等一批重要历史街区；也包括了大栅栏、牛街、琉璃厂街、国子监街等一批具有浓郁的北京地方传统特色的街区；还包括了南锣鼓巷地区、西四北地区、什刹海地区等北京传统四合院民居保留数量较多、质量较好的历史地段；同时，对五四大街、东交民巷等在北京近代史上有过特殊意义的历史地段也给予了公布保护。

（2）面对城市规模不断扩大的形势，市文物、规划部门加强了对地下文物遗存的调查和保护工作，先后于1993年3月和1995年5月由市政府分两批公布了19片地下文物埋藏区，范围涉及北京市近、远郊区的14个区、县，内容包括了史前旧石器时代、新石器时代以及商周、秦汉、隋唐、辽金等各个历史时期。地下文物埋藏区的公布，对于妥善保护北京地区丰富的地下文物遗存，为今后通过考古不断填补城市发展史研究的空白奠定了基础。目前，规划管理部门在审批建设工程时认真核查是否涉及地下文物埋藏，建设部门要求施工单位在施工前征得文物部门同意，并会同文物部门在工程范围内做好文物调查、勘察工作，同时提供所需费用。由于规划、建设、文物部门密切合作，几年来不断取得基建考古的新进展，而且保证了一批重点建设工程的顺利实施。如近两年配合北京西客站工程先期考古达10余万平方米，获得了较丰富的调查成果；在配合京郊重点工程平谷电厂考古工作中，勘察面积80余万平方米，发现古墓葬227座，1994年夏，对延庆龙庆峡东侧建设工程进行先期考古勘探和发掘，发现古墓葬45座，出土了包括迄今所见年代最早的青铜复合工具在内的数千件文物，对于研究北京地区与少数民族文化交流史具有重要价值。

（3）5年来城市规划部门和文物保护部门密切合作，开展了历史文化保护区的保护整治试点工作，其中国子监街保护整治工作取得了一些成就。

国子监街是位于北京旧城区东北部，距今有700多年历史的古老街道，几年前这里道路和空地被多达两百余个摊位的农贸市场所挤占，文物古迹周围搭建了很多违章建筑和临时设施，沿街新建了与原有建筑形式极不协调的房屋，一些传统建筑时修缮时也不适当地采用了大理石、铝合金、珍珠岩板等建筑材料，使街道、景观杂乱无章，而更多的民居，从门窗到墙面、屋顶，历经风雨，年久失修，破损不堪。这种状况如果继续下去，这条传统街道原有的历史文化风貌将不复存在。为此，市规划、文物部门与区政府密切配合，开始了国子监街的保护整治工作。这条街的保护整治工作首先确定了鲜明的指导思想，即以整治和逐步恢复传统风貌为主，既不同于东、西琉璃厂改造那种推倒重来，建“仿古一条街”，也不同于大栅栏街的大拆大改、整旧如新，而是在原有基础上从整治环境入手，保留历代建筑的叠加，整旧如旧，逐渐恢复该街道独具特色的传统风貌，形成以简朴民居为主、衬托两组古建筑群的历史环境。具体开展了以下工作，调整了原定的道路规划，改变了将该街道由现状12米拓宽至25米的城市道路的计划，保留了历史街道的原有尺度；搬迁了农贸市场，腾退了违章侵占的街道用地；拆除了文物保护单位内外影响景观的违章建筑；对街区内的残墙断壁、破旧门窗进行了修缮、粉刷、油饰；指导有关单位拆除沿街二层轻型结构的办公用房，炸掉高大破旧的厂房及烟囱等严重影响街景的建筑物；对沿街的公共厕所、垃圾站等公用设施进行拆改，使之与周围的环境相协调；加强对该地区申报翻改建房屋的审查工作，对于挑顶大修、装饰门面等修缮工程也积极给予指导，使其符合传统风貌的要求；组织当地单位和居民参与保护工作，共同制定了《关于保护国子监街的通知》立于街道入口处，成立了小学生护街组织。5年过去了，国子监街的传统风貌得到了初步恢复，今天走在这条街道上，首先看到街中耸立的四座在京城街道上已难以见到的牌楼和牌楼附近的石碑保存完好，夹道的老槐树以亭亭如盖的绿荫罩着幢幢传统四合院民居的门楼，间杂数处古色古香的店铺门脸，“国子监”和“孔庙”两组古建筑气势宏大，红墙黄瓦与灰墙青瓦相邻，绿树与蓝天相衬，体现了老北京街道古朴典雅、幽深恬静的情趣。整治的结果，为当地居民带来了良好的生活环境；为位于街内的博物馆、图书馆及学校带来了良好的社会环境；为沿街经营单位带来了良好的投资环境；为国内外观光者带来了良好的旅游环境。目前，保护整治工作仍在进行，并且将长期坚持下去。实践证明，这种通过治理整顿，逐步恢复历史地段的传统风貌，使其“延年益寿”，而不是“返老还童”的做法是切实可行的，是历史文化保护区保护的一个成功尝试。

3. 历史文化名城的整体保护得到实施

对于北京历史文化名城来讲，除了文物保护单位和历史地段的保护外，还要从整体上考虑历史文化名城的保护，从城市格局和宏观环境上保护历史文化名城。近年来在这一方面进行了有益的探索与实践。

（1）在多年规划实践与广泛征求意见的基础上，明确了北京历史文化名城整体保护的方向，具体提出了十个方面的要求，即：第一，保护和发展传统城市中轴线；第二，注意保持明、清北京城“凸”字形城郭平面；第三，保护与北京城市沿革密切相关的河湖水系；第四，旧城改造要基本保持原有的棋盘式道路网骨架和街巷、胡同格局；第五，注意吸收传统民居和城市色彩的特点，保持皇城内青灰色民居烘托红墙、黄瓦的宫殿建筑群的传统色调；第六，以故宫、皇城为中心，分层次控制建筑高度；第七，保护城市重要景观线，保护从市中心遥观西山的几条重要景观线，以及旧城区内各高大文物景点之间几条主要的传统景观线；第八，保护街道对景，对于历史形成的对景建筑及其环境要加以保护，控制其前景和背景的建筑高度；第九，增辟城市广场；第十，保护古树名木，增加绿地，发扬古城以绿树衬托建筑和城市的传统特色。以上对历史文化名城保护的内容规定，从进一步扩大保护范围和对象，形成由点到面的完整的保护体系，对历史文化名城进行整体保护，以及妥善处理城市现代化建设与历史文化名城保护之间的关系等几个方面，体现出了保护规划的新思想和新手笔，成为今后指导北京历史文化名城整体保护的行动纲领。

（2）在北京历史文化名城整体保护方针明确后，城市规划管理部门进一步增强了保护古都风貌的历史责任感。一方面，在社会上广泛开展了“夺回古都风貌”大讨论和“群众喜爱的具有民族风格的新建筑”评选活动，以及建筑设计汇报展等活动，在维护古都风貌上形成了广泛的社会共识。另一方面，在规划审批中坚持以“时代精神、民族传统、地方特色”为衡量建筑方案优劣的总原则。时代精神，要求建筑设计应是当代的，而不是简单的复旧；民族传统，要求建筑设计应继承、发扬中国传统文化；

地方特色，要求建筑设计应不同于任何其他城市，必须具有浓郁的北京特色。为了继承和发扬传统风貌，提高城市的建筑艺术水平，北京市还充分发挥首都建筑艺术委员会的作用。首都建筑艺术委员会由北京地区的城市规划、建筑、文物、园林、雕塑等方面的专家组成，负责对位于旧城区内、东西长安街及其延长线、二环路两侧的重要建筑以及高度超过30米的公共建筑设计；对风景区、文物保护区范围内对环境影响较大的建筑；对国家重点工程以及重要的、大型的民用建筑设计；对城市主要干道两侧的建筑以及广场的规划设计；以及对大型住宅区、大型公园、城市重要绿地、大型立交桥等进行规划和建筑艺术审查，严格、认真地审查，使北京历史文化名城保护规划落到了实处。

二、今后五年工作的展望

展望今后五年，大规模的城市建设将决定着北京未来的城市风貌，这一极为关键的时期，北京历史文化名城保护面临着许多新的问题，文物保护与危旧房改造工程之间，历史地段保护与房地产开发的经济效益之间，古都风貌保护与城市建设工程的高度、体量之间，都存在着矛盾，各种矛盾相互交叉、日趋尖锐，必然给历史文化名城保护工作带来巨大的冲击。但是，我们要清醒地认识到，建设现代国际城市，绝不能以牺牲灿烂辉煌的历史文化遗产为代价。在世纪之交，北京古都风貌向何处去的历史责任，不可推卸地落在了我们的肩上，要求我们要认真研究当前出现的各种新情况、新问题，拿出解决问题的办法和对策来。

1. 进一步加强文物保护

（1）要加强对文物古迹的清查和鉴定，逐步增加各级文物保护单位。根据20世纪80年代中期文物普查资料，北京市共保留文物古迹7309项，其中不乏一批现状质量好，具有一定保护价值的文物古迹，应经过鉴定，分批公布为文物保护单位。但是截止到1994年年底，仅有986项定为各级文物保护单位。10年过去了，经过危旧房改造和商业区、工业开发区、住宅区的大规模建设，时至今日，北京城乡还保留多少文物古迹，需要重新开展文物普查工作，才能进一步摸清“家底”，获得制定保护工作的基本依据。城市改造的重点在旧城，近期文物普查工作的重点也应在旧城。对已列为三级文物保护单位的，必须依照国家文物局法规，切实加以保护；对虽未列入文物保护单位，但经文物部门鉴定，属于有重要文物价值或反映北京历史文化风貌的建筑物，也应做好保护工作，将其公布为“在危旧房改造工程中需要保护的文物

北京故宫周边环境

建筑”，认真落实保护方案。必须杜绝不经文物部门同意，擅自拆除文物建筑的事件发生。只有对那些经鉴定核查后确定文物价值不高，而所面临的城市建设工程又特别重要的情况下，方可确定实施易地迁建。文物建筑在易地迁建前要保留有关测绘图纸和实物照片，易地迁建的文物建筑可保留在当地公共绿地或广场中，也可以迁至“京华史迹园”中保护利用。对于具有一定文物价值的建筑构件、部件，如工艺精细的垂花门、砖门楼、影壁、隔扇、雕花罩、栏杆，以及有精美雕刻的建筑石、砖、木构件，可送交古代建筑博物馆等有关博物馆妥善保存，也可作为其他文物建筑修缮时的外部装饰材料。在全市文物古迹普查的基础上，要及时增加、调整区（县）级文物保护单位，其总数不应少于1000项。要继续分批公布新的市级以上文物保护单位，使其总数达到300项左右。国家级文物保护单位也应逐渐增加，并推荐若干项文物古迹列入《世界遗产名录》，在新公布的各级文物保护单位中，应适当增加具有地方特色的文物建筑、反映科技发展的文物建筑和优秀近现代建筑。

（2）要抓住大规模城市建设和旧城改造的时机，积极开展文物保护单位内、外环境的整治。首先，要配合郊区农村居住及生产结构调整，积极搬迁周口店遗址、琉璃河遗址、圆明园遗址等大遗址内的住户和乡镇企事业单位，清理遗址、恢复地貌；要配合市区产业结构调整，重点搬迁妙应寺（白塔寺）、天宁寺塔、觉生寺（大钟寺）等文物保护单位内的工厂、企业；要配合城区土地使用结构调整，搬迁恭王府、崇礼住宅、先农坛等文物保护单位内的居民。其次，要结合危旧房改造工程，清理整治一批重点文物保护单位周围的环境，如：整治故宫筒子河两侧环境，搬迁紫禁城城墙与筒子河之间的住户和单位，对筒子河外侧环境进行清理，并彻底解决向河内排污问题，恢复故宫筒子河的历史风貌；整治天坛坛墙外侧环境，搬迁商业网点，将坛墙亮出来并加以修复；整治智化寺外侧环境，开辟消防通道，消除火险隐患。实施清理、整治后的文物保护单位，要扩大合理利用尺度，创造条件建设成为专题性博物馆或文物景点。

2. 进一步重视历史地段的保护

（1）对已经确定的历史文化保护区要制定保护规划和管理办法。历史文化保护区的保护工作与文物古迹的保护相比，起步较晚，相对滞后。第一批北京市历史文化保护区公布之后，至今尚未深入研究实施保护的措施，由于保护工作不具体，这些地段的传统特色和历史风貌正在继续不同程度地受到破坏，这一状况亟待改变。首先，对于已公布的历史文化保护区，要结合市区控制性详细规划的编制逐个明确划定保护范围。要注意保护历史街区固有的总体格局，特别是街道与传统建筑之间的良好比例关系，保护原有地形地貌。一些历史文化保护区的规划道路红线，与原貌保护有一定矛盾，需要进行深入研究，妥善处理风貌保护与道路、市政设施建设的关系。对于每个历史文化保护区都要具体确定保护和整治目标，规定保护区的建筑形式，在建筑造型、层数、色彩方面要尽量保留原有特点，使传统风貌得以维系和发展。对于具有文物价值的传统建筑要妥善保护，可以改建的也要把建筑的精华部分保留下来。有的建筑外观保留原状，内部可以进行改造，使其在功能上适合现代工作、生活的需要。但是对一些造型不好与传统风貌不协调的建筑物应通过整治进行改造或拆除。保护区内建筑的挑顶大修、装修门面、改换门窗、增加招幌字号、设立广告牌等修缮和外装饰工程，也应纳入管理范围。其次，要研究对历史文化保护区实施保护的措施，落实保护管理机构，制定保护法规，确定具体的管理程序和办法，使历史文化保护区的保护和管理纳入法制轨道。

（2）要继续在旧城区和郊区增划各级历史文化保护区，扩大保护区的内容和类型。凡在北京地区内，自古以来的人类活动中所创造出来的，已被历史学、考古学、建筑学、美学和社会学等方面所确认，具有特殊保护价值的建筑群或遗址区都应保护。如在居住史、城建史、园林史、水利史、科技史、军事史、考古学、社会学方面具有特殊意义的古代人类文化遗址、古代城垣遗址、古代皇家园林、古代水利工程、古代仓储工程、古代防御工程、古代帝王陵区、古代驿站集镇，又如在教育史、交通史、工业史、商贸史、农业史、建筑史、民俗学、民族学方面独具保护价值的近代教育设施建筑群、近代铁道设施建筑群、近代工业建筑群、近代商业建筑群、传统经济作物种植区、历史悠久的村庄、会馆建筑群、少数民族聚居地等，都应列为历史文化保护区，有计划地实施保护，逐步做到北京各区县都有历史文化保护区，形成一个具有北京地区特色的历史文化保护区网络。

3. 进一步实施历史文化名城的整体保护

（1）尽快编制《北京历史文化名城保护规划》。国务院要求已公布确定的历史文化名城都必须制定专门的保护规划，作为保护工作的依据。北京是第一批公布的历史文化名城，但是至今没有完整、独立的历史文化名城保护规划，尚未能对历史文化名城保护工作提出系统的、可操作的实施要求，与作为历史文化名城之首的地位很不相称。1993年经国务院批复的《北京城市总体规划（1991年—2010年）》中将“历史文化名城的保护与发展”单独成节，同时在总体规划的专业规划中有“北京历史文化名城保护规划”一章，特别是首次提出了整体保护的十个方面要求，这些都比1983年公布的《北京城市建设总体规划方案》在加强历史文化名城保护方面，前进了一步。但是，仍然过于笼统和概括，在保护内容上不够全面，在保护措施上没有形成一套完整的工作程序。然而，目前在历史文化名城保护工作中实际遵循的内容和要求，却分散于陆续公布的数十项规划文件和有关规定之中。如在规划文件方面，除城市总体规划之外，《市区土地使用分区规划》《市区建筑高度控制方案》《市区控制性详细规划》《近郊乡域规划》《远郊县域规划》《远郊县城总体规划》等，均涉及历史文化名城有关保护内容。在保护规定方面又有《关于限制在城区分散插建楼房的几项规定》《关于严格控制高层楼房住宅建设的规定》《北京市文物保护单位保护范围及建设控制地带管理规定》《关于在基本建设工程中加强地下文物保护管理的通知》《关于本市危旧房改造中加强文物保护有关事项的通知》等，十几项法规均对保护工作提出了具体要求。由于这些规划与规定文件过于分散，同时编制年代不同，编制单位不同，所以着眼点和侧重点各有不同，甚至有些规划或规定，内容之间不尽一致，给实际工作带来不少难度。因此，在历史文化名城保护的实际工作方面，迫切需要有一部完整、独立的保护规划作为依据。也正是因为有了上述大量的工作基础，最近北京市政府又批准了《北京文物事业发展五年规划（1995年—1999年）》，这些都为编制《北京历史文化名城保护规划》创造了条件。这一规划的编制和公布实施，将进一步确立历史文化名城保护事业在“全国文化中心”

中的地位，发挥这一事业在首都社会发展中的特殊作用；将进一步动员社会力量支持并投入这一事业，不断探索出在现代国际城市建设中实现历史文化名城保护的新途径。

（2）切实加强历史文化名城中重要地区的规划设计工作。实现城市风貌的整体性和统一性，是历史文化名城保护与发展中极为重要的问题，对于建设中的北京来说，这不仅是一个理论问题，更是一个重大的实践问题。近几年，一些城市重要干道两侧的建设，常常出现使用功能不当，建筑形式混杂，建筑体量、高度、色彩各行其道的情况；同时一些开发单位，一味追求经济效益，不惜以牺牲环境及社会效益为代价，千方百计突破规划指标，一再提高建筑高度和密度，造成对古都风貌和历史环境的严重损害；更有一些建设工程，为了反映投资者的实力和气派，在形式上标新立异，盲目模仿西方某些时髦建筑，丝毫不考虑周围历史环境的要求。造成上述问题的重要原因，是城市建设缺少城市设计的要求和指导。事实证明，在历史文化名城中，一幢优秀的城市建筑，不仅要靠自身的完美无缺，更要考虑到与周围建筑与环境的关系，这样才能创造出整体美、协调美，新老建筑才能协调共处、相互衬托、相得益彰。因此，必须投入更多的力量、拿出更多的精力来研究和实践城市设计。随着首都社会、经济的发展，今后几年，中轴线、长安街、内环路、二环路以及城区中心地区、城市重要干道两侧，将兴建一批具有相当规模的大型公共建筑群，这些建筑在布局、体量、结构、材料等方面都将与历史文化名城内原有历史建筑大不相同，这就形成了新建设与传统风貌之间的矛盾。为了确保在大规模城市建设之时，北京历史文化名城的风貌免遭破坏，当前应首先抓紧对城市重要地区和历史地段的城市设计工作。城市的发展和面貌的更新是必然的，也是不可避免的，关键是如何通过城市设计，正确处理好保护与改造、继承与创新的关系。在城市设计中，不仅要明确建筑物的使用功能、高度控制和容积率指标，而且要明确该地段的景观特点和环境要求，才能对建筑、体量、色彩等也给予准确把握。城市设计确定以后，地区内一切新建或改建都必须按照城市设计意图进行，这样才能使这些街区沿着保护、整治、更新的路子建设，实现明显的整体效益，创造出古都特有的风貌和历史文化氛围。同时还要看到，北京历史文化名城范围广大，不同地段各有特色，城市设计上要给予体现。在旧城区，特别是旧皇城内和历史地段附近，新建筑应以民族形式为主，在高度、体量和色彩上也要严加控制。而在旧城以外的新区，则可以根据用地性质和项目要求，适当突出时代精神和现代城市特色，这样，才能通过城市设计来保证北京历史文化名城和现代国际城市的双重性格。

进一步发挥“城市广场”功能①

（1997 年 5 月 21 日）

近几年，北京城、近郊区兴建起大量的高层写字楼和商厦，其中一些冠以“广场”之名，引来新闻媒体的评论，认为不符合中国传统语言习惯。事实上，在北京市内真正的“城市广场”数量还是不少的，除壮丽的天安门广场外，还有民族文化宫广场、中国美术馆广场、北京展览馆广场、农业博物馆广场、军事博物馆广场、工人体育场（馆）广场、北京各火车站广场等。这些都是名副其实的广场，总面积达数百公顷。除此之外，北京还有自然博物馆广场、天文馆广场、王府井百货大楼广场等众多规模较小的广场，以及中央电视塔广场、西单路口广场、钟鼓楼广场等正在规划建设的城市广场等。

北京的“城市广场”，在城市功能中发挥着重要作用，但是目前存在着一些问题。一是有的广场被杂乱的临时商业建筑占用，拥挤脏乱；二是有的广场被栏杆分割、封闭，管理单位不重视对其利用，白天冷冷清清，晚上漆黑一片；三是有的广场环境不完整、设施不配套，人们感受不到它的美和文化气息。

广场在一个城市中是物质文明与精神文明建设的重要结合部，广场建设和管理水平又是城市文明的重要标志之一。尤其北

① 此文发表于《北京晚报》，1997 年 5 月 21 日，第 1 版。

京的这些“城市广场”，大多处于城市的黄金地段，是北京建设“文化中心”的宝贵资源和财富，是首都精神文明建设不可忽视的载体。高品质的城市广场不但可以陶冶人们的情操，调剂处于高楼大厦、车水马龙中的人们的生活节奏，而且在开展丰富多彩活动方面也蕴藏着极大的潜力。由此建议，加强对发挥“城市广场”功能的研究，同时加快改造、建设和完善一批“城市广场”。近期内可从以下几个方面入手：一是整治环境，拆掉那些与广场环境和功能不协调的临时建筑，增建文化服务设施；二是美化环境，增建必要的草坪、喷泉、雕塑；三是改善管理方式，撤掉不必要的栏杆、围挡，晚间增加照明；四是有组织地在广场开展一些文化活动；五是组织规划设计单位开展对“城市广场”的再设计，并可开展评选工作。去年规划部门组织了三环路两侧的城市设计，取得了很好的效果。

北京的“城市广场”应该成为北京“文化中心”的标志，成为北京欢迎国内外宾客的“城市客厅”，成为北京对外开放的窗口，成为北京精神文明创建活动的阵地，成为北京城市中心地带深受广大市民喜爱的“绿舟”。

天安门广场远眺

在“京津沪渝穗五城市规划工作交流会”上的发言[1]

（2000 年 11 月）

1992年，在联合国环境与发展大会上通过了《21世纪议程》。1994年，我国政府制定了中国的可持续发展战略——《中国21世纪议程》，明确提出了促进中国经济、社会、资源和环境相互协调的可持续发展战略目标。

北京是我国的首都，是全国的政治、文化中心，是世界著名的历史文化名城。在城市规划建设中，坚持以人为本，寻求人与自然的和谐，保持经济、社会、环境的协调共进，促进城市的可持续发展，既是北京城市性质和功能的要求，也是建设全方位对外开放的现代化国际大都市的需要，是北京面向21世纪的战略性选择。目前，我国正在积极开展申办2008年奥运会的准备工作。对于北京来讲，全方位地提高城市环境质量和水平，向世界展示北京这座著名的历史文化名城和国际大都市的风采，是各级政府和有关部门，尤其是城市规划管理部门的重要责任。

一、高度重视环境建设，走可持续发展的道路

20世纪70年代以来，北京在环境保护方面先后制定了19项地方法规、规章和标准，初步建立了地方环境法规体系和管理机

① 此文发表于《北京规划建设》，2000 年第 6 期。

制，有效地遏制了环境质量恶化，局部地区还有所改善。但是，面向21世纪，北京的环境质量仍面临着严峻挑战。问题主要表现在：以煤为主的能源结构短期内难以根本改变，市区大气污染指标，尤其是采暖期的二氧化硫、总悬浮颗粒、氮氧化物等污染物超标；汽车尾气污染日益严重；水资源匮乏；水体污染严重；固体废物处理能力较低；等等。

近年来，北京市坚持可持续发展的建设方针，将环境建设作为全市工作的重中之重。在1999年67项重点工程和今年50项重点工程中，涉及环境建设的内容近一半。今年年初的《政府工作报告》中再次强调，城市建设工作要以加强环境设施、基础设施、居民住宅建设为重点，努力提高城市的现代化管理水平。最近，全市又结合“奥运工程”开展了四环路百米绿化带、二环路与三环路环境治理、建筑外立面粉饰等10项环境综合治理工程。

近几年来，各区县政府也积极行动，结合自身优势为首都的环境建设增光添彩。目前，走可持续发展的道路，建设清洁优美、生态健全的现代化国际大都市，已成为全市上下共同的目标和行动。

二、近年来加强城市环境建设的主要措施

（一）全面治理环境污染，建设生态良好的国际化大都市

1. 加强大气污染治理

1998年以来，市政府针对大气污染问题制定了分阶段、分重点的治理方案。从1998年12月到今年10月，全市共进行了四个阶段的综合治理，重点对煤烟型污染、机动车尾气污染、扬尘污染和工业废气污染进行治理，并取得了实质性进展。

在控制煤烟型污染方面，截至今年6月，全市6700多台燃煤茶炉、21000多台燃煤大灶、4127台1吨及1吨以下的燃煤锅炉、662台大吨位燃煤锅炉全部改用了清洁燃料。1999年全市共发展燃气用户29.6万户；天然气供应能力达到了7亿立方米；推广使用低硫优质煤350万吨；新增集中供热面积890万平方米。目前全市集中供热面积近1亿平方米。

在控制机动车尾气污染方面，通过采取大力发展公共交通，加快道路建设，控制市区的机动车流量，严格执行旧车淘汰报废制度，积极推广使用清洁燃料等措施，使机动车排气污染大大减少。按计划，今年年底前将有80座加气站建成。到2002年，全市将累计淘汰旧车60万辆，改造机动车3.8万辆。

在控制扬尘污染方面，通过加强工地的环保管理，落实“门前三包”责任制，扩大绿化与铺装面积，加强建筑弃土运输管理以及降低工业粉尘排放等措施，使全市的扬尘污染得到了有效控制。

在控制工业废气污染方面，通过加快产业结构调整，积极促进高新技术产业发展，稳步提高第三产业比重，严格控制能耗大与排污多行业的生产规模，以及努力推动工艺与产品更新换代等措施，大大减少了工业废气的排放总量。此外，市区工业污染源搬迁也在加快进行。

通过以上措施，北京的大气污染得到了有效的控制。去年，城市空气质量三级和好于三级的天数达到了75%，好于二级的天数达到了32%。目前，北京正在全面落实第五阶段控制大气污染措施，年底将实现三级和好于三级的天数达到80%，二级和好于二级的天数达到45%。

2. 构筑三道绿色生态屏障

今年入春以来，我国北方连续发生的沙尘暴天气，再一次给北京的生态环境建设敲响了警钟。北京市高度重视这一问题，提出用3～5年时间，构筑三道绿色屏障，营造良好的生态环境。

第一道绿色生态屏障以建设燕山、太行山绿化工程为主。这道绿色屏障从房山区十渡到平谷县金海湖，绵延700千米，呈扇形环绕京城西、北、东的七个区县，总面积1.04万平方千米。该地区采取的主要措施是加快山区绿化，调整现有农业结构，大力发展适合山区条件的林果生产和生态经济林，实行退耕还林还草，提高植被覆盖率，涵养水源，恢复生态。这道绿色屏障建成后，该地区林木覆盖率将达到70%以上，林地面积达到1500万亩。

第二道绿色生态屏障以建设平原地区的“五河、十路”绿色通道工程和农田林网绿色生态带为重点。“五河”指永定河、潮白河、大沙河、温榆河、北运河5条河流。“十路”指京石、京开、京津塘、京沈、京密、京张、顺平、外二环8条公路和京九、大秦两条铁路。规划用3至5年时间，在上述河、路两侧建起200米宽的绿化带，形成京郊绿色大动脉。农田林网绿色生态带，是指结合农业产业结构调整和农田林网化，兴建以经济林、速生丰产林为主体的防护林网。这道绿色屏障建成后，京郊平原地区的林木覆盖率将达到25%以上。

第三道绿色生态屏障以建设市区边缘的绿化隔离带为重点。北京的绿化隔离地区规划总面积为240平方千米，加强绿化隔离地区建设，既是改善北京环境面貌的需要，也是坚持“分散集团式”城市布局的需要。1994年，“以绿引资、引资开发、开发建绿、以绿养绿”的原则提出后，该地区陆续完成了绿化任务40平方千米。今年，市政府决定进一步加快绿化隔离地区建设步伐，将用3年时间完成100平方千米的绿化任务。到目前为止，该地区已实现绿化4万多亩（相当于过去6年的绿化面积），并形成了若干面积在5000亩以上的绿色板块。与此同时，该地区有关村镇将绿化建设与发展绿化产业相结合，创建了速生丰产林、优质果园、观光采摘园等8种类型的绿色产业。

3. 强化水资源保护

北京属于严重缺水的大城市。全市人均水资源量不足300立方米，仅为全国人均水资源量的1/8。近几年来，北京市在保护水资源方面主要做了以下几项工作。一是搞好密云、怀柔水库上游地区水土保持和水源涵养林建设工程。截止到1999年，密云、怀柔水库上游有林面积已达到418万亩，林木覆盖率达到62%。二是加快建设城市中心区水系综合治理工程，完成了从玉渊潭经南护城河、通惠河到高碑店湖的河道综合整治，实现了通航，同时把水系治理向城市全流域扩展。三是大力做好污水治理工作，完成了第三、第四水厂防护区污水管网建设；在市区及远郊区县兴建了一批污水处理厂。目前，全市污水日处理能力已达109万吨，污水处理率达到42%。

（二）加强环境综合治理，建设环境优美的“首善之区”

1. 加强道路绿化和环境整治，形成京城绿色风景线

近年来，北京对城市道路两侧环境建设十分重视，相继开展了长安街及其延长线、二环路、三环路、白颐路、学院路的综合整治和四环路绿化工程等一批重点环境建设工程，初步形成了纵横市区的绿色风景线。

去年，为迎接新中国成立50周年大庆，市政府组织专门机构

对西起公主坟，东至大北窑，全长13千米的长安街及延长线两侧进行了综合整治。整治内容包括粉刷建筑立面、改建和扩建道路两侧绿地、增设无障碍设施、整顿路边广告、整治公共建筑门前环境等。目前，道路两侧的15公顷绿地，以及公主坟、西单等10个绿化广场已经建成。今年，北京市决定将长安街的整顿范围向东、向西延伸至通州镇和首钢总公司东门。目前，规划部门已制定了相应的整治方案，整治工程已经动工。

二环路、三环路的整治工作目前已基本完成。在整治过程中，共拆除违章建筑（含临时建筑）188处，合计23500平方米，实现绿化19540平方米，铺装路面11000平方米，并完成了道路两侧243762平方米的建筑粉饰工作。

在四环路两侧建设百米绿化带，是今年市政府改善城市生态和景观环境的又一重大举措，也是“绿色奥运工程”的重要项目。该项目计划以不同品种的高大乔木片林为主，以形成色彩浓重绚丽，富于季节变化，气势壮观的景观大道。市政府要求在明年国际奥委会来京考察前，全面完成东、南、北四环路两侧和大型立交桥等重要节点的绿化、美化工作。

2. 加强城市水系综合整治，再造清洁优美的水环境

北京城的建设和发展，历来与水息息相关。然而，随着城市建设的快速发展，城市常住人口及流动人口的不断增加，城市水系的现状已越来越难以适应建设国际化大都市的需要。水利设施落后、水体污染加剧、水环境恶化等问题，已成为首都各项事业健康发展的制约因素。北京市对城市水系综合治理非常重视，做出了用3年时间治理市中心区城市水系的决定。目前，故宫筒子河、长河至“六海”清淤工程，以及京密引水渠昆玉段、玉渊潭至大观园段综合治理工程已经完成，实现了“水清、流畅、岸绿、通航”的治理目标。各有关部门正加紧制定下一阶段的河湖治理规划，计划今年形成“水系二环”。届时京城水系将成为市区自然、人文环境建设的又一亮点。

3. 加强拆违还绿与代征地清理工作，实现“黄土不露天”

去年，全市共拆除违法建设和过期临时建设470万平方米，力度之大，数量之多，是历史上前所未有的。与此同时，有关部门还加大了拆违还绿、拆墙透绿工作力度，将拆违面积的30%用于绿化。今年，市建委提出了《关于做好征而未用拆而未建工地的绿化工作的意见》，对拆迁后3个月未施工又没有绿化的土地，以及拆迁1年未建或征而未用又未绿化的闲置工地，将由各区政府回收作为城市绿地，实现“黄土不露天”。

4. 加强城市夜景照明与建筑立面保洁工作，美化城市形象

目前，北京已初步形成了以天安门地区为中心，以长安街及其延长线和南北中轴线为重点，以重要或繁华街区为集中景区，具有一定技术水平和文化、艺术内涵的城市夜景照明体系。市政府还颁发了《北京城市夜景照明管理办法》，使夜景照明工作纳入了规范化、法制化管理轨道，京城夜色已成为一道绚丽的风景。今年5月，市政府发布了《北京市城市建筑物外立面保持整洁管理规定》。要求对主要大街两侧和重点地区的建筑物、构筑物外立面定期整洁。这是城市美化工作的又一重要举措。

（三）加强城市设计，突出文化内涵，提升城市人文环境品质

北京是世界著名的历史文化名城，其深厚的历史文化底蕴和严谨、对称的城市格局，形成了独具特色的城市风貌。历史文化名城保护自1983年被正式写入《北京城市建设总体规划》后，市政府又颁发了一系列法规、政令，对保护文物和城市风貌起到了积极作用。1999年市政府批准了《北京旧城历史文化区保护和控制范围规划》，并将25片历史文化保护街区的控制性详细规划的编制工作列入了2000年政府折子工程。今年5月，市政府又决定拨款3.3亿元专项经费，在3年内对全市市级以上近百处文物保护单位的文物建筑进行抢险性修缮工作，这充分体现了对保护首都历史文化名城风貌，突出北京历史文化内涵，提升人文环境品质的决心。

加强城市设计，处理好开发建设与保护古都风貌的关系，突出历史文化名城和现代国际都市的风貌，是当今城市建设的一个重要课题。1996年，规划部门先后组织开展了三环路、北中轴等地区的城市设计工作。1999年在长安街及其延长线综合整治、平安大街改造、王府井商业街改造中，成功地运用了城市设计成果。王府井商业街的城市设计，通过对机动车道、人行步道、绿化、小品、电话亭、垃圾箱等设施，以及夜景照明、公共汽车站等活动设施的统一设计，创造了有机统一、相互协调、优美舒适、以人为本的公共环境，突出了现代化大都市的文化底蕴。

三、结语

经过几年的努力，北京的环境建设取得了显著的成绩，但离国家的要求和广大市民的期望还有一定差距，任务还很艰巨。我们城市规划部门要继续贯彻、执行高度重视环境建设，走可持续发展道路的方针，加强城市规划和综合管理，为建设空气清新，环境优美的现代国际城市做出更大的贡献。

建议开展《北京城市总体规划》调整修订工作①

（2001年2月5日）

2000年4月市政府办公厅《关于贯彻落实国务院办公厅关于加强和改进城乡规划工作文件的通知》中要求：“认真总结《北京城市总体规划》贯彻执行情况，研究实施中存在的问题，做好修订的准备工作。”鉴于《北京城市总体规划》调整工作涉及面广，需要有一段较长的工作周期，我们建议现在就着手组织有关部门进行准备工作。其理由如下。

（1）《北京城市总体规划（1991年—2010年）》自1990年开始编制，至今已10年整。国外大城市总体规划的调整修订，一般是5年或10年一次。总体规划的实施历经“八五”“九五”两个时期，首都社会经济发展和城市建设的宏观环境发生了深刻的变化。第一，世界经济一体化和科技进步对城市发展提出了全新的挑战。第二，我国的短缺经济和供给制约的状况已基本结束，需求不足开始成为经济生活中的新问题。第三，市场经济体制框架初步建立，首都经济的内涵更加明确。第四，加入世界贸易组织的形势已趋明朗，为改革开放创造了新的机遇。第五，综合经济实力不断增强，为有计划地实现城市建设的目标提供了保障。

（2）首都社会经济和城市建设的发展战略更加清晰和明确。

① 此文发表于《前线》，2001年第2期。

国家领导人1995年视察北京时强调要做好“四个服务”，2000年年初又两次对北京的改革发展和城市建设做出明确指示，要求北京率先基本实现城市的现代化，城市建设既要保持古都风貌，又要富有现代气息。据此，北京市政府提出了“新三步走”的设想，确定了建设现代化国际城市的宏伟目标，进一步明确了要以科学技术为先导，大力发展首都经济，坚持走可持续发展的道路。

（3）经过10年的持续快速发展，总体规划的实施进入了关键性的阶段，面临一些新情况，也出现了一些未曾预料的新问题。从实践情况看，2008年奥运会场馆设施、绿化隔离地区和商务中心区的建设都是实施总体规划的重大举措，如今已经进入或即将进入实施阶段。但中关村科技园区的建设在总体规划中体现不明确，如今已经开始建设。从新的情况和问题看，北京城市人口发展、城市建设用地需求将出现新的趋势，国家对大城市规模进行控制政策也将发生变化，总体规划应及时做出反应。特别是总体规划确定的“两个战略转移”并未得到很好的实施，需要尽快总结经验教训。城市商贸设施多极化、住宅建设日益郊区化、南城发展缓慢、边缘集团的建设发展不平衡等新情况和新问题已经急迫地摆放在我们面前。

（4）《北京市国民经济和社会发展第十个五年计划和到2010年发展规划纲要》关于城市建设规划的内容与总体规划有一些重大的出入，需要规划部门尽快拿出意见。另外，“十五”规划的制定，为总体规划调整修订提供了很多新的资料，其研究课题也为总体规划的调整修订提供了参考。

总体规划的调整修订是一项复杂的“系统工程”，建议在正式开展调整修订工作前，进行必要的研究工作。研究的内容主要包括两个方面。一是总体规划调整修订的决策研究。主要研究总体规划需要调整的主要问题，新的总体规划是否应更具有战略性，更重视实施政策；总体规划调整修订的方式是全面调整，还是局部调整；调整修订工作的组织领导方式以及计划完成的时间等。二是开展涉及城市发展的宏观问题的专题研究。例如，研究科技发展对城市产业结构及空间布局的影响；研究可持续发展战略在总体规划中的具体体现；研究城市能源结构调整战略；研究加入WTO以后城市功能的变化和新的建设需求；研究北京在区域规划中的地位、作用等。

2001年是新世纪的第一年，如果以“新世纪、新北京、新蓝图”为主题，开展总体规划调整修订的动员、宣传工作，将展现出北京市民迎接新世纪的蓬勃向上的精神风貌，凝聚社会各界和广大市民建设北京的智慧和力量，也是规划部门为新世纪北京的城市建设做贡献的具体行动。

北京鼓楼鸟瞰

继承优秀的历史文化传统 促进北京的现代化发展①

（2001 年 3 月）

当此世纪之交、千年之交的重要时刻，我们在这里研讨文物保护与城市现代化管理的问题，具有十分重要的意义。

北京是一座拥有3000多年建城史，800年建都史的古城，作为元、明、清三朝的国都而崛起为全国的政治、文化中心，是我国封建时代国都建筑艺术集大成的典范，有着特殊的历史积淀和无与伦比的地位，成为全人类极其宝贵的历史文化名城。

北京以其鲜明、独特的东方建筑特色，综合体现了我国古代城市规划和建筑的历史、科学、艺术等方面的价值，是“世界城市建设史上独一无二的精品”。尽管岁月的沧桑和人为的因素，北京旧城的面貌已经发生很大变化，但值得欣慰的是，这座历史文化名城的许多珍贵的文物古迹，如今不仅完好地保存下来，并且作为中华民族的文化瑰宝受到精心保护。北京所拥有的辉煌壮丽的宫殿建筑，气势恢宏的庙宇祠坛，丰美多姿的大小园林，不可胜数的亭台楼阁、城垣陵墓和散在民间的深宅大院、旧日民居，既是人类历史文化遗产的具有代表性的杰作，更是源远流长的中华民族灿烂文明的载体，其本身就具有极为重要的历史文物

① 此文发表于《面向 2049 年北京的城市发展》，北京，北京科学技术出版社，2001 年 3 月出版。

价值。它是历史的精华，民族的骄傲，包含着深厚的文化底蕴，常常使我们引以为自豪和骄傲，并促进我们不断研究如何保护这些优秀的历史文化遗产。

一、过去50年的探索

新中国成立之初，就把保护旧城的整体格局和众多的有重要价值的文物纳入城市规划研究的重要内容，并由此不断探索，不断提高认知水平。

20世纪50年代的总体规划，保留和发展了城市中轴线以及棋盘式的道路系统，维护了布局严谨、整齐对称、平缓开阔的城市空间格局和活泼的园林水系，保护了诸多文物古迹，划定了四合院保护区，从总体上保持和发展了北京城传统布局的艺术风格。但也存在不足。一是比较局限在平面布局研究，没有用城市设计的方法研究旧城三维空间的布局，没有形成城市规划建设的法规。二是没有明确提出对文物古建的周围环境的整体保护，而只注意了古建筑本身的保护，反映了当时认识的局限。

20世纪80年代的总体规划，针对“文化大革命”对历史遗产浩劫的影响，加强了对文物保护的研究。1982年，北京被国务院公布为首批国家级历史文化名城，1983年正式把历史文化名城的概念写入总体规划，明确提出了要保护古建筑本身及其周围环境，从整体上保护和发展北京特色的原则。随后，文物保护工作有了很大发展，公布了两批共209项文物保护单位名单，文物和规划部门共同对各文物保护单位划定保护范围和建设控制地带，并由市政府正式颁布实施。1985年，首先公布了市区建筑高度控制规定，有效地控制了高层建筑盲目发展给古都风貌带来的损害。1987年，分区规划进一步提出了对景观走廊和传统风貌街区的保护。1990年，北京市政府颁布了25片街区为历史文化保护区，提出了整治和保护的要求。从50年代到80年代可以看出对历史文化名城保护的认识从浅入深，从局部到整体，从微观到宏观的发展过程。

20世纪90年代，随着改革开放的不断深入和综合国力的增强，人们对保护历史城市的认识有了极大提高，在修订的城市总体规划中明确提出对北京历史城市实施整体保护的10项原则：保护和发展城市中轴线；体现明清北京城“凸”字形的城郭形象；保护与北京城市沿革密切相关的河湖水系；保护原有棋盘式道路网骨架和街巷胡同格局；注意吸取传统城市色彩的特点；保护城市景观线；保护街道对景和景观视廊；增辟城市广场；保护古树名木。为进一步深化落实以上原则，又提出了旧城“点、线、面”的重点保护内容及旧城分区的保护与建设方案，“点”即指分布在旧城区内的国家级、市级和区级文物保护单位；“面”即指历史文化保护区；“线”即指将“点”“面”串联起来的城市主要街道及城市传统中轴线、重要的景观视廊。在城市总体规划的指导下，历史文化名城的保护工作有了很大发展，截止到1999年年底，北京市共开展了三次全市范围的文物普查工作，公布地下文物埋藏区36处，陆续公布了六批市级以上文物保护单位，并划定了一批文物保护单位的保护范围与建设控制地带。全市文物古迹中有5处被列入《世界遗产名录》，有42处全国重点文物保护单位，222处市级文物保护单位，735处区县级文物保护单位。一些文物已经成为北京城市的标志性建筑。

今年5月，北京市政府又决定拨出3.3亿元专项经费在3年内对全市市级以上近百处文物保护单位的文物建筑进行抢险修缮工作，确保无险情，无重大隐患。

6月，为加强历史文化保护区的成片保护，北京市政府又将编制25片历史文化保护区保护规划列入2000年市政府折子工程，其中14片位于皇城内，7片位于旧皇城外的内城，4片位于外城，占地面积957公顷，加上旧城内的文物保护单位，总占地面积达2300公顷，占旧城总面积的37%。保护规划编制工作将于今年年底前全部完成。

二、未来50年的展望

城市是通过漫长的历史时期形成的，是社会生产发展的产物，是政治、经济、文化诸因素综合作用的结果。不同时代、不同地理条件、不同经济水平、不同文化传统、不同生活习俗造就了五彩缤纷的世界，形成了形态各异的城市。随着社会的发展，科技的进步，后人总是要在继承前人留下的历史遗产的基础上，根据自身需要进行取舍，加以改造与创新，形成适合时代特点的新面貌。城市就是在这种新陈代谢过程中不断发展的。在历史发展的长河中，常常可以明显看到不同时代在城市留下的历史痕迹。历史越悠久、文物古迹积累越多，对城市风貌的影响就越大。物质文明和精神文明的发展程度越高，对历史文化遗产越珍惜，对传统风貌的保护就越重视。世界城市的发展和北京城市的建设实践都证明了这一点。因此，我认为，研究古都风貌的保护，检验城市改造的得失，只能在社会发展的大环境中考察才能得出客观结论。特别是在今天，面向新的世纪，面向未来，如何让历史名城与现代都市接轨，这是在北京未来发展中必须认真研究的重要问题。

一是要不断地挖掘北京的历史文化价值的内涵，保护好北京旧城的整体格局。

北京是现今国内保存最为完整，文物古迹最为丰富，规模最为宏大的都城。北京旧城具有严整而对称的传统格局，城市布局气势宏伟，具有典型的东方色彩。它满足了那个时代统治者的政治、经济、文化、军事、礼制等多方面的功能需要，最完整地反映了中国封建社会都城建设的传统模式和高度的艺术成就，被公认为象征着“一个伟大文明的顶峰”。旧城中心区大面积的园林水面与规整雄伟的宫殿建筑群相结合，相互衬托，互为借景，虚实有变，景色宜人，对全城景观起到了画龙点睛的作用，堪称古都建造中的杰出典范。在民居建筑上，北京旧城的四合院和胡同是我国北方传统民居建筑的代表和杰作，在世界民居建筑中独树一帜，它的最高成就和最集中的分布地区就在北京。它不但构成老北京幽雅的都市景观，而且蕴含着深厚的文化内涵，它是这块土地上数百年间人文活动的载体，成为古都风貌的重要组成部分，在城市色彩的运用上，北京旧城也达到了很高的艺术境界。大片的灰色平房和大面积的绿树为背景，衬托着中心区红墙黄瓦的宫殿群，再辅以周围10多座高大巍峨的城楼和坛庙，城市色彩获得了朴素典雅、重点突出的艺术效果。北京古城高超的艺术成就和丰富的思想内涵，对于我们继承和发扬祖国优秀文化价值传统，创造具有民族风格的城市风貌，为今天研究中国封建都城历史、社会、文化提供了丰富而详尽的实物见证，具有极其珍贵的历史文化价值。

如何避免在城市建设中破坏文物古迹和历史风貌，已是一个全世界共同关心的话题。1964年，众多世界知名的建筑师聚会威尼斯，通过了著名的《威尼斯宪章》，明确提出不但要保护文物的个体，而且要保护文物的环境，因为“一座文物建筑不可以从它所见证的历史和它所产生的环境中分离出来”。1987年10月，建筑师们再次聚会华盛顿，通过了《华盛顿宪章》，明确提出，要加强“历史地段”的保护，因为城镇中这些具有历史意义、保存着历史风貌的地区“不仅可以作为历史的见证，而且体现了城镇传统文化的价值”。比较这两个文件，可以看出国外从60年代到80年代文物保护思想的变化，就是保护文物的范围在不断扩大。这种历史回归的现象反映了人类现代文明发展的必然需要。

对北京历史文化名城整体保护的认识也有一个不断深化的过程。经过多年的实践，越来越达到这样的社会共识：我们所要保护的是城市原有的历史文脉，我们所要传承的是城市的历史文化，历史从来都是连续的，因而对历史的保护不仅意味着对单体古建筑所进行的所谓理想状态的风格修复，也意味着保护文物古迹及其具有历史传统风貌的街区，保护和延续古城的传统格局和风貌特色，保护和发扬传统文化、艺术、民俗精华和著名的传统产品。

二是既要体现古都的风貌，又要富有现代化气息。

保护与发展的相互包容、相互协调，这是北京城市建设未来发展的方向。城市现代化是城市可持续发展的必然要求。不实现现代化，就不能满足城市作为政治文化、对外交流多种功能的需要，就不能满足广大民众日益增加的物质文化需要。但是，城市在实现现代化过程中，必须继承和发展优秀的历史文化传统，而不能任意地拆旧房建新房，割裂历史的延续性。在这方面既有成功的经验，如北海大桥的改建，也有教训，如有的超高层、大体量建筑物在城市中心区无序出现，影响了城市的历史文化风貌。

一度出现的大规模的旧城区开发改造，使构成北京城市格局的传统街道迅速消失，构成北京传统风貌的四合院建筑被大量拆除，严重破坏了区域性历史文化特色。

特别值得一提的是，近年来，在总结历史经验教训的基础上，市政府已经采取措施，根据文物古迹的格局、环境和景观特点，及时划定文物保护单位、保护范围及建设控制地带，并将其分为非建设地带、可保留平房地带、允许建筑多层房屋地带和有特殊要求的控制地带。

对具有文物价值的古建筑实行分等级保护：原物较完整的原地保护；确有难度的，移地拆迁；文物价值略次的保存其门楼、砖雕等“亮点”。通过城市设计，在旧城区传统风貌街进行综合整治，如北京旧城区东北部的国子监街是北京文物保护与整治的典范。搬迁农贸市场，拆除有损景观的建筑，修葺各种公用设施，使国子监街保留历代建筑的叠加，整旧如旧。街中耸立的四座牌楼和牌楼附近的石碑是它的风骨，夹道亭亭如盖的老槐树下四合院民居和古香古色的店铺是它的灵魂，气势宏大的“国子监”“孔庙”是它的标志。此外，目前在旧城区危房改造中，实行与房改相结合，小面积、微循环地进行有机更新。这些措施的实行，进一步加快了城市的现代化，也为保护北京的传统风貌进行了有益的尝试。

三是运用现代及未来的科技手段继续探索保护与发展的途径。

未来50年，现代科技与经济的发展，在提高人们生活质量的同时，也将深刻地改变着人们的生存观念，保护历史环境、崇尚自然和谐、追求生态良好的可持续发展，将成为人类发展的共同要求。随着科技、经济、文化一体化的发展，城市的文化功能将大大增强，历史城市及其传统文脉将得到更好的保护和利用，从而改善城市空间环境与氛围。

妥善保护并合理利用北京独特的历史文化遗产资源，对于促进首都未来的经济、文化、社会发展将起到越来越重要的支撑作用。现代高科技手段及新材料、新技术的应用，将进一步推动北京旧城整体格局与风貌保护、历史街区保护及文物古建保护工作的开展，恢复一些重要的历史河道及历史景观将成为可能，文物建筑保护维修的技术手段及传统旧平房四合院建筑的改造方式也将发生很大变化，城市将逐步实现自然化和保持生态平衡的有序发展。

经济与科技发展将进一步提高北京城市居民的文化素质和保护历史文化遗产和历史文脉的观念与意识。促进历史城市的保护和城市的有机更新，实现人居环境的可持续发展。历史文化名城整体保护、历史文化街区保护、文物保护的规划工作及保护方法与技术手段不断提高，历史文化遗产及环境风貌在城市现代化建设中将发挥出更加重要的作用。

2049年，是我国新中国成立100周年，到21世纪中叶，北京将逐步形成完整的历史文化名城保护体系，确立保护与发展的双赢战略，在北京城市总体格局和框架中确定以中轴线和明皇城为中心，以历史街区、文物保护单位为主要构成，兼及周边与北京城市发展密切相关的园林及风景名胜。城市改造与基础设施建设将更注意保护原有街巷和历史风貌，历史文化名城的成片保护将得到进一步加强。一个有着丰厚的优秀历史文化积淀，同时又富有生机的现代化的北京，一定成为跻身于世界一流水平的国际大城市。我们要为实现这一令人憧憬的目标而努力奋斗。

抓住机遇 迎接挑战 促进首都规划建设的持续发展[①]

（2002 年 1 月）

随着筹办2008年奥运会各项工作的全面展开和我国正式加入世界贸易组织，首都的城市现代化建设进入了一个快速发展的重要历史时期。作为城市规划建设工作者，我们肩负着重大的历史使命，如何抓住难得的历史机遇和应对严峻的挑战，促进首都城市规划建设的持续发展，是当前和今后一个时期，要重点研究的课题。

一、2002 年北京城市规划建设的主要任务

面对2002年首都经济和社会发展的新形势，城市规划建设将围绕“绿色奥运、科技奥运、人文奥运”三大主题，积极开展工作。

1. 全面启动奥运场馆建设的规划和设计工作

奥运会计划使用37个比赛场馆和4个主要设施。其中，在京建设场馆19个，包括国家体育场、体育馆、游泳中心等，总建筑面积56.5万平方米；改扩建场馆13个，包括工人体育场、首都体育馆等，总建筑面积25.8万平方米；4个主要设施为奥运村、记者村、中国国际展览中心、奥林匹克中心，总建筑面积约160万平方米。2002年，这些场馆和设施的规划和设计，在上半年将全部完成规

① 此文发表于《北京规划建设》，2002 年第 1 期。

划意见书的核发工作，并以奥林匹克公园和五棵松体育中心为重点，面向国内外开放市场，以吸引一流的规划和设计单位参与规划和设计，确定规划和设计方案。在2003年下半年，将按计划全面开展场馆建设，保证在2006年完成奥运场馆和设施建设。

2. 围绕“绿色奥运”，加强城市环境建设

在道路建设方面，2002年将继续完善市区路网加密系统；重点建设城市快速轨道交通工程和八通线、地铁5号线等地铁工程以及东直门、西直门、动物园交通枢纽等，逐步建立以公共交通和轨道交通为骨干的现代化交通体系；完成五环路、六环路、京承路一期（四环路至高丽营段）等高速公路建设，增强城市交通承载力和应变能力。

在市政建设方面，将继续以改善能源结构，保护和利用水资

北京景山远眺

源为重点，建设陕甘宁天然气进京第二条长输管线，扩建陕甘宁天然气进京市内管网等；开工建设第十水厂；进一步加快清河、小红门、卢沟桥等污水处理厂建设，提高污水回用能力。

在环境整治方面，将加强凉水河、温榆河、转河、马草河等水系河道的治理，逐步实现三环清水绕京城的格局；继续构筑三道绿色屏障，搞好以温榆河、潮白河、永定河和五环路、六环路（一期）为重点的“五河十路”平原绿化工程；2002年市区绿化隔离地区绿化总面积将达到106平方千米，同时要加快第二道绿化隔离地区的规划研究工作；2002年将开展重点地区综合整治，主要包括中轴线、东便门明城墙遗址公园、圆明园遗址公园及颐和园、朝阳公园、二环路、三环路、五环路等地区的综合整治工作。

3. 围绕“人文奥运”，保护好历史文化名城，建设国际化大都市

在历史文化名城保护方面，要完成《北京历史文化名城保护规划》编制报批工作，并重点研究制定《皇城保护规划》，包括全面腾退大高玄殿、寿皇殿、普度寺、宣仁庙等国家级和市级文物保护单位，对皇城内的14片历史文化保护区进行有机更新；开展永定门城楼复建的规划设计工作；对天坛、历代帝王庙等一批国家级文物保护单位进行整治修缮；加快明城墙遗址公园建设和前门商业街改造工作；研究划定第二批历史文化保护区等。

在文化设施方面，将建设国家大剧院、中国京剧院、首都博物馆、中国电影博物馆、北京天文馆新馆等一批大型文化设施。

在住宅建设方面，2002年市政府计划拆除危房84万平方米，动迁居民6.9万户；同时，为“十五”期间基本完成城八区303万平方米危房改造工作奠定基础；继续加强回龙观后期、北苑北二期、西红门、垡头地区等经济适用房和住宅区建设，实现危改和经济适用房及住房二、三级市场的互动，创造良好的住宅市场环境，全面提高城市居住水平。

在重点功能区建设方面，要重点组织好中央电视台、北京电视台、国贸三期等北京商务中心区建设项目和中关村西区、科学城、软件园、生命科学园等中关村科技园区建设项目，以及金融街中心区等项目的规划和设计工作。

4. 围绕“科技奥运”，加强城市信息化建设

21世纪的社会是数字化、网络化社会。方便、快捷、完善的信息及通信服务在奥运会中也占有举足轻重的位置。为此，市政府明确提出了建设“数字北京”的战略目标。即通过建设宽带多媒体信息网络、地理信息系统等基础设施平台，整合首都信息资源，实现国民经济信息化，建立电子政务、电子商务、远程教育和网上医疗等在内的信息化城市，最终形成定位化、网络化的“数字北京”，为北京发展成为中国数字城市网络核心结点和具有全球影响力的国际数字城市奠定基础，为奥运会提供全方位的服务。根据上述目标，未来几年中北京将投资600多亿元，用于信息和通信工程建设。到2008年，北京交换机容量将超过1000万门；移动通信网容量达1500万；网络覆盖进一步完善，可以为用户随时随地提供语音、数据、视频和多媒体等各类信息服务；将建成计算机宽带ＩＰ城域网等，全面提高城市通信能力。在有线电视方面，将建设世界一流的奥运有线电视环状专网，可为奥运会新闻中心和国际广播中心提供优质的信息传输网络通道。在邮政方面，将以北京站、北京西客站、南四环大平面综合邮件处理中心为主，辅以国际邮件、速递邮件等专业中心，形成铁路、公路、航空多种邮运方式并存的格局。

二、抓住机遇，迎接挑战，创造无愧于时代的建筑精品

未来几年，随着奥运场馆设施的建设和一大批文化、商业、住宅项目的建设，北京的城市面貌将发生巨大的变化。由此，把北京建设成什么样，到2008年北京将以什么形象展现在世界面前，已经成为当前社会各界关心的重大问题。要回答和解决这一问题，必须努力做好以下几个方面的工作。

1. 提高规划和设计水平，增强历史使命感和责任感

1993年国务院在对《北京城市总体规划》的批复中明确指出："北京是著名的古都，是国家的历史文化名城，城市的规划建设和发展，必须保护古都历史文化传统和整体格局，体现民族传统、地方特色、时代精神的有机结合，努力提高规划设计水平，塑造伟大祖国首都的美好形象。"因此，要展现北京城市建设的新形象，迫切需要建设一批符合首都地位和时代特点，体现中华民族文化传统和北京文化特色的精品建筑。在这个关键的历史时刻，我们规划设计人员要冷静思考，积极作为，担负起我们的责任和历史使命。广大城市规划师、建筑师在进行设计创作时，要善于从城市总体形象上考虑问题，在具体设计中努力处理好以下几个方面的关系。

一是处理好继承与发展的关系。北京是历史文化名城，又是现代化的国际都市，其建筑风格和形式必须处理好继承与发展、传统与现代的关系。传统不是简单的复古，不仅是小亭子、大屋顶；现代也不是一味地模仿抄袭，不只是大玻璃、罗马柱。它们之间的关系应是传统文化形式与内涵的结合，是现代文明科技与

时尚的交融。

二是处理好建筑与环境的关系。首先，要改变盲目追求单体建筑风格独特的状况，因为单体建筑要与周围环境相协调统一。其次，要树立可持续发展的观念，努力研究符合环保要求的新材料、新技术，并运用到建筑设计和施工中去。

三是处理好建筑形式和功能的关系。独具风韵的建筑形式当然赏心悦目，但建筑创作的最终目的是为使用者服务，因此，要坚持“以人为本”的原则，重视建筑形式与功能的有机结合，设计出既有艺术特色，又经济、适用、安全的建筑精品。

总之，建筑艺术创作，尤其是精品的产生是一种极其艰苦的劳动，是历史与现实、空间与时间、政治与经济、技术与艺术等等多方面的综合。我们相信，广大规划师、建筑师们一定能不辱使命，切实提高建筑设计水平，使北京这座古老又现代的城市，以深邃的文化内涵，独特的东方神韵，现代化国际都市的美好形象，展现在世界面前。

2. 积极开展城市设计工作

开展城市设计是保证城市规划确定的各项控制指标得以实施的重要手段，对建筑设计起着多方位的引导作用。目前，城市设计已得到广泛重视，王府井商业街、金融街、中关村西区、商务中心区等地区已经开展了城市设计工作，并正在引导着区域内的城市建设。在第八届首都规划建筑设计汇报展中的一些项目也已经具有相当的水平，非常可喜。但总的来讲，城市设计还处于起步阶段，必须加强专业队伍的培训，加快专业化、规范化的进程，以提高城市设计水平。同时，要将城市设计贯穿于城市总体规划、详细规划的全过程，并纳入规划管理程序，使其成为规划管理的一项重要依据。

2002年，经市政府批准，我们将重点开展长安街、中轴线、朝阜大街等地区的城市设计工作。目前，长安街北侧的建设用地已基本建成，南侧尚有规划的预留用地，这些用地的规划对完善长安街的功能，突出政治中心、文化中心的形象影响很大。因此，我们要通过城市设计，对这些用地进行统筹规划，减少规划审批的盲目性，突出“神州第一街”的形象。中轴线将以北端的奥林匹克公园，南端体现城市南大门形象的地段，以及旧城内钟鼓楼地区、地安门地区、前门地区、永定门地区为规划和设计重点，突出中轴线对称严谨、壮观、开阔的鲜明特点和文化特色。朝阜大街横贯旧城，沿线集中了大量的文物古迹和历史街区，我们要通过城市设计，对整条街道所具有的历史文化内涵进行深层次的探讨，对沿街的文化资源加以整合，特别是对阜成门内大街两侧、西什库教堂、五四广场等地区进行重点研究，统筹规划，使朝阜大街成为旧城东西向一条最具传统文化特色的城市景观走廊。除此之外，我们还要陆续开展城市重点地区、重点地段的城市设计工作，为建筑设计、城市开发提供规划引导。

3. 改进规划管理方式，为建筑设计提供更宽松的创作空间

2002年，规划管理部门要继续转变观念，逐步建立适应市场机制的规划管理方式和方法，增加审批的透明度。主要措施包括以下几个方面。

第一，通过多种方式，简化审批环节。

结合投资项目招投标，对政府确定的建设项目，规划部门根据控制性详细规划，提出规划意见书，采取公开招标的方式确定项目法人。项目法人确定后，即可直接委托方案设计。

结合经营性土地使用权招标和拍卖，土地使用权出让前，在招标文件和拍卖资料中明确地块建设项目性质及规划要求。中标者只需到规划、土地等管理部门办理相关手续，就可直接委托方案设计。

由串联审批改为并联审批，完善规划部门牵头的联席会议制度，建设单位遇到规划设计中的问题，由规划部门统一协调，统一反馈。

通过信息资源共享，简化审批环节，研究制作北京市电子地理信息地图，将各部门掌握的基础信息，如道路、建筑、古树、市政管线等有关信息输入图中，并在北京市固定资产投资项目审批平台上公开。

凡符合有关部门公布的条件和标准的项目，由市规划委代为审核，不在征求相关部门意见。超过条件和标准的，送相关部门审批，并将审批结果对外公开。

精简审批内容，取消可以由市场调节的审批事项。对取消的审批事项，加强后续监管，制定具体措施；对保留的审批事项，实行严格的审批时间承诺制度。按照“权力与责任对称”的原则，建立审批责任追究制度。

第二，严格执行《北京市区中心地区控制性详细规划》，减少审批的随意性。

凡建设单位申请对用地性质、容积率、建设高度等控制性指标进行调整的，须由具有规划设计资质的设计单位进行论证，并对社会公示15天后，经市规划、房地、环保、园林、文物、交通等单位和专家组成的“市控制性详细规划审查小组”审查后，报市政府批准。同时，要切实加强规划管理的前期研究工作，改变目前规划意见书深度不够，控制性指标不细，指导性指标不全的现象。

第三，积极推进规划管理的政务公开和公众参与。

实施政务公开和公众参与是规划管理工作的重要内容，是广大人民群众参与城市规划管理的重要途径，也是规划管理工作规范化和科学化的基础。因此，我们将进一步采用多种形式完善政务公开和公众参与的机制和渠道，并充分利用政府信息平台，逐步将规划管理信息向社会公布。如市区中心地区控制性详细规划等各类规划调整完善后，尽快上网公开；凡已审定的小区、大院、建筑组团的修建性详细规划，要向社会公示等。同时，我们将逐步建立网上申报、网上查询、网上申诉系统，做到申报项目公开，审批过程公开，审批结果公开。在规划制定过程中和审批后，规划部门要采用不同形式尽可能地扩大公众参与的程度，例如各类规划和建设项目审批之前和审批后，均可在规划展览馆展出，以听取公众意见，接受公众监督，并采用规划方案公示和专家、市民评议等方式，提高规划的科学性和可操作性。这些措施不仅有利于保证建设项目按规划实施，而且也有利于为建筑设计提供更为宽松的创作空间。

4. 开放规划和设计市场，实行规划与建筑设计招投标

开放规划、建筑设计市场，建立健全公开、公正、公平的市场竞争机制，是提高规划和设计水平的需要，也是加入WTO的客观要求，2002年要加大这方面工作的力度。在规划方面，要通过招投标的方式，开展城市重点地区详细规划、卫星城规划，以及城市交通、市政基础设施等专项规划的编制。凡符合条件的国内外规划和设计单位，均可以参加竞标。在建筑设计方面，凡重点地区、重点地段的详细规划及城市设计，国家在京建设的重点工程和市重点工程，长安街及其延长线、中轴线两侧临街2万平方米以上的建筑工程等，均应进行招投标。

同时，要采取有效措施规范设计市场。近日召开的全国建设工作会议强调，为进一步规范建筑市场，提高建设工程质量，要继续完善工程招投标制度，严格执行强制性标准，坚决纠正违法压价等不正当竞争行为，我们要坚决贯彻执行。一要加强对施工图的审查，重点审查对国家强制性标准的执行情况。要逐步扩大委托审查单位的范围，进一步规范审查标准，明确审查、设计、建设单位的责任，提高审查质量和效率。二要进一步明确设计部门的法律责任，出现违法建设的项目，对设计单位也要进行曝光和查处。三要加强设计单位的资质管理，在严格准入的同时，加强资质的升降级管理。要保护设计人员的合法权益，完善注册规划师、建筑师、结构师执业签章制度的管理，切实把法律责任、自律管理和道德规范落实到人。

5. 加强技术培训和交流，提高设计理论素质和水平

我国正处在经济繁荣、城市快速发展的时期，规划师、建筑师要把握好这一千载难逢的机遇，不留千古遗憾，必须加强学习和交流，加强理论研究，多一些理性，少一些浮躁。各甲级规划设计院要带头在建筑功能、结构、形式、艺术、意识形式等诸多方面进行深入的理论研究，举办学术活动，进行设计案例分析，克服盲目的设计倾向，提倡具有理论支持的建筑设计创作。2002年，我们将开展“十佳住宅设计”的评选工作，以加强设计师之间，设计师与社会之间的交流，引导住宅建设向适用、经济、美观、环保、生态和智能等方向发展。以后还将采取设计方案竞赛、学术交流等多种方式，促进设计理论和设计水平的提高。

人文奥运及北京历史文化名城保护规划

（2002 年 9 月）

举办2008年奥运会，是中华民族在21世纪初的一件盛事，也是首都北京现代化发展进程中难得的历史机遇。坚持“绿色奥运、科技奥运、人文奥运”的理念对办好2008年北京奥运会，实现承办一届历史上最出色奥运会的承诺，具有十分重要的意义。在筹办奥运会的各项建设中，文化环境建设是其中非常重要的一个方面。文化是现代奥林匹克运动的重要组成部分，奥运会既然在具有三千年以上建城历史的北京举行，那么保护好北京的古都风貌，届时让她以纯正、浓郁、庄严、辉煌的东方古都形象展现在世人面前将是非常重要的。因此，要充分展示我国五千年传统文化的优秀成果和北京历史文化名城风貌，使东方神韵与现代奥运完美集合，为奥林匹克精神注入新的内涵。

一、如何理解“人文奥运”

所谓“人文奥运”就是通过奥林匹克运动促进世界各国人民之间的交流与理解，促进世界的和平与进步；就是通过奥林匹克运动，实现人类文化现象的广泛传播，促进各国传统文化和现代文化的建设与发展，促进各国围绕人文精神进行文化交流；就是通过人人参与，展现全体人民的健康体魄、良好心态、文明言行，塑造国家形象、政府形象和民众形象。

我们要把让世界了解中国文化、了解中国人民、了解有中国特色精神文明成果作为2008年“人文奥运”的最重要主题，大力弘扬中华民族优秀文化与道德，使2008年奥运会以自己独特的魅力体现“和谐、交流与发展”的文化主题，促进人类社会的和平、友谊和进步。

北京2008年奥运会组委会主席、北京市市长刘淇在申奥成功一周年纪念日到来前夕接受媒体的联合采访时说，“人文奥运”是一个非常具有吸引力的领域，已成为北京奥运会的一大亮点。刘淇市长指出，要展示出北京奥运会的特色，就要把中国灿烂的历史文化和民族特色充分展示出来，因此“人文奥运”的理念很受关注。北京申奥成功以来，市民关注程度最高的就是“人文奥运”，提出的建议也最多。他指出，“人文奥运”是北京举办奥运会的一大亮点，主要从以下两个方面加以体现：一是弘扬人文精神、以人为本。比如在选择新建场馆、奥运村、新闻中心和交通、通信、住宿等基础设施建设方面，都要充分考虑有利于奥

北京宛平城（2010年5月5日）

林匹克大家庭和观众的需要，创造一个理想的生活、训练、比赛和采访环境；二是从文化交流的角度来体现。包括充分利用圣火传递，开、闭幕式等奥林匹克仪式向世界展示中国传统文化的特色，进行各种形式的奥林匹克文化交流活动等。

展示中华民族古老文化魅力和北京现代化大都市的风采是“人文奥运”的重要形式，在北京城市建设上，即城市规划、道路交通、体育场馆、文化艺术设施等方面的建设上，要把保护古都风貌，突出北京特色放在重要位置。总之，北京无比深厚的文化积淀与现代文化的有机结合，这应该就是我们所说的“人文奥运”。

二、北京历史文化名城保护规划的主要内容

北京作为世界历史文化名城，文化遗存极为丰富，2008年奥运会，对北京的历史文化名城保护提出了新的要求，如何最大限度地保护历史文化遗产，更加深入地发掘历史文化内涵，完整充分地展现鲜明的城市特征，形成既古老又现代的城市风貌，实现“人文奥运”的目标，是一项十分艰巨的任务。为此，从2001年下半年以来，市规划、文物部门依据《北京城市总体规划（1991年—2010年）》和国务院的批复，以及相关法规和规划成果，组织编制了《北京历史文化名城保护规划》，已经有关专家论证，并经市政府常务会议和首都规划建设委员会第21次全体会议通过。

《北京历史文化名城保护规划》坚持北京是全国政治中心和文化中心的城市性质，在城市现代化建设中要继承和发扬中华民族优秀的历史文化传统，使北京作为著名的历史文化名城得以持续发展。

《北京历史文化名城保护规划》提出要正确处理历史文化名城

保护与城市现代化建设的关系，重点搞好旧城保护，最大限度地保护名城；使整体保护与分层次控制，重点保护与一般保护相结合。

一是做好文物保护单位的保护。文物保护单位是反映北京历史文化名城文化传统的基本要素。《规划》强调要做好现有文物保护单位的保护，还要继续挖掘和增加文物保护单位。同时，完成第六批全国重点文物保护单位（北京部分）的论证及申报工作，并继续完成第五批、第六批市级文物保护单位保护范围和建设控制地带的划定工作。

文物保护单位的修缮和整治的重点是，整治“两线”景观、恢复“五区”风貌、重现京郊“六景”，营造北京历史文化名城的基本格局。“两线”即中轴线、朝阜路沿线；“五区”指皇城区、什刹海地区、国子监地区、琉璃厂地区、古城垣区；“六景”包括西郊风景名胜区、长城北京段景区、帝王陵寝区、京东运河文化区、宛平史迹区、京西寺庙区。同时，要积极申报世界文化遗产，例如明十三陵、皇城。

二是历史文化保护区的保护。历史文化保护区是反映历史文化名城风貌比较集中的重要地区。要继续加大对旧城25片历史文化保护区的保护力度。在旧城内继续补充历史风貌较完整、历史遗存较集中和对旧城整体保护有较大影响的片区进行保护。研究制定历史文化保护区中人口迁移、房改、产权交易、房屋管理修缮等有关政策。研究制定《历史文化保护区保护管理规定》，使其尽快步入法制化管理的轨道。研究探讨多种方式的保护、整治和改造途径，根据历史文化保护区保护规划开展实现规划的试点工作。

三是保护历史文化名城的整体格局。按照从整体格局上保护历史文化名城的要求，除了文物保护单位和历史文化保护区的保护外，还规定了历史水系、传统中轴线、皇城、旧城“凸”字形城郭、道路及街巷胡同、建筑高度、城市景观线和对景、建筑色彩、古树名木等具体内容。

四是旧城内危房改造。历史文化保护区内的危房改造，应严格按历史文化保护区保护规划实践，应采取“微循环式”保护与更新的方式，逐步更新危房，恢复原有街区的传统风貌。历史文化保护区以外的危改片，要加强对文物及有价值的历史建筑的核查、保护，强调古树、胡同等历史遗存的保护，严格执行各级文物保护单位的保护范围和建设控制地带的有关规定，严格执行《北京市区中心地区控制性详细规划》。

五是传统文化、商业的保护。北京传统文化的发展历史悠久，涵盖多个方面及领域。较有代表性的有庙会、戏曲、会馆等。传统商业的保护主要包括：①传统商业街区的保护与改造；②老字号的恢复与保护。应尽量恢复厂甸、白塔寺、护国寺等各区有代表性的庙会。以昆曲和京剧为重点，进一步繁荣北京的传统戏曲事业。应采取措施恢复和合理利用会馆。

三、近年来北京历史文化名城保护的主要措施

新中国成立以来，北京市先后开展了三次文物普查工作，陆续公布了六批市级文物保护单位。目前，全市已形成了国家、市、区县三级文物保护体系。据第三次文物普查统计，北京文物资源总量为3550处，文物建筑200万平方米，居全国首位。其中包括：①世界文化遗产5处（故宫、长城、周口店北京猿人遗址、颐和园、天坛）；②全国重点文物保护单位60处；③北京市文物保护单位234处；④区、县政府公布的文物保护单位517处；⑤区、县政

府公布的文物暂保单位246处；⑥普查登记在册文物2523处。

1990年，市政府公布了第一批25片历史文化保护区名单，1999年批准了《北京旧城历史文化保护区保护和控制范围规划》，25片历史文化保护区总用地1038公顷，约占旧城总用地的17%，旧城25片历史文化保护区中有14片分布在旧皇城区内，7片分布在旧皇城外的内城，还有4片分布在外城。

2001年市政府组织编制完成了《北京旧城25片历史文化保护区保护规划》，2002年编制完成的《北京历史文化名城保护规划》，目前已报建设部审查备案，如获批复，公布实施，将成为推动历史文化名城保护的基本管理依据。

几年来，北京市在城市建设中，努力探索保护历史文化名城的具体措施。

一是加强了文物保护工作。2000年5月市政府决定三年拨款3.3亿元，使一大批文物古迹得到了及时抢救和保护。截至2001年11月，共安排抢修项目98项，已投入专项资金1.8亿，带动社会各方面整治、抢救配套资金约6亿元。基本缓解了北京市地面文物建筑存在的年久失修、隐患严重的矛盾，为合理利用创造了良好的条件。

二是结合环境综合整治、恢复了部分历史文化景观。如先后规划建设了圆明园遗址公园、莲花池遗址公园、皇城根遗址公园，初步展现阜景传统文化街的历史面貌，历代帝王庙、白塔寺将在今年完成修缮；陆续修缮了中轴线上的鼓楼、火神庙、普渡寺等古代建筑，复建了永定门城楼；抢修开放纪晓岚故居、万寿寺、宛平城、团河行宫、十三陵德陵、古北口和司马台长城。明城墙遗址公园也正在积极建设中，为广大民众提供了一处处环境优美的文化活动场所。

三是恢复和整治了京城传统河湖水系，如筒子河、“六海”、南护城河、长河等水系陆续清淤与环境美化，恢复了后门桥景观，转河、菖蒲河等水系也正在恢复和整治。

四是严格控制旧城区建筑高度，批准实施了《北京市区中心地区控制性详细规划》，使旧城内高层楼房建设势头得以控制，基本保持了旧城平缓开阔的城市空间布局。

五是加大力度保护古树名木。在城市规划建设中采取有效措施加强了对古树名木和大树的避让和保护。

六是结合住房制度改革，加快危旧房改造的速度。由于危旧房大都集中在旧城内，如何改造对保护北京历史文化名城至关重要。为此，市政府通过金鱼池、天桥、龙潭西里等试点区进行探索。加强对文物及有价值的历史建筑的保护，以及对古树、胡同等历史遗物的保护，同时严格执行市区中心地区控制性详细规划，加强对建设高度、体量的控制。

四、围绕“人文奥运”，保护历史文化名城和建设现代化大都市

就北京而言，灿烂历史构成了它最鲜明的城市特征。万里长城几乎是中国形象的最生动代表。由完整的明清宫殿群组成的城市中轴线形成了北京皇家风范的城市特色。这里也是世界上最大规模的皇家宫殿建筑群。无论是周口店的文明之光，还是3000多年的城市历史，无论是明清的皇城气派，还是当代中国的首都地位，北京都因其显赫辉煌的历史跻身世界名城之林。在筹备奥运会的过程中，我们将更加尊重历史给我们留下的巨大人文遗产。北京将更加注重它特有的、充满巨大吸引力的历史资源。更好地

处理与保护各种人文遗产，这其中包括各种文物古迹、城市风貌、传统艺术及民间风俗等。

今年1月，国家领导到北京市考察工作时指出，要围绕筹办2008年奥运会，大力实施“科技奥运、绿色奥运、人文奥运”，加强环境综合整治，抓好城市绿化美化，提高市民文明素质，努力使全体市民生活得更方便、更舒心、更幸福。要按照科学规划、科学建设、科学管理的原则，充分考虑历史，立足现实，着眼未来，在加快现代化发展进程中，努力使城市建设与历史文化遗产浑然一体、交相辉映，向世界展示北京这座世界名城文化悠久、经济繁荣、环境优美、生态良好的现代化国际大都市的文化面貌。

作为世界历史文化名城，北京丰富的历史文物资源对办好“人文奥运”极为有利。举办2008年北京奥运会对历史文化名城保护既是机遇也是考验。我们要妥善处理古都风貌保护与城市现代化建设的关系，努力实现“人文奥运”的目标。

东方文化悠久厚重的历史积淀和与西方文化遥相对应的存在态势，无疑是北京实现“人文奥运”承诺的巨大优势和深远背景。然而，当东方最典型的中华文化将一览无余地展示在7年后的第29届奥运会之时，我们会发现，今后7年中需要做的事情还有很多。

为了举办一届“人文奥运”，北京作为正在快速迈向国际大都市行列的城市，在加快城市现代化步伐的同时，也在切实加强对历史文化古迹的保护。在历史文化名城保护方面，将全面实施《北京历史文化名城保护规划》，制定“皇城保护规划”，深入、系统揭示北京城市发展的历史文化内涵，完整地体现北京古城的格局。重点保护旧皇城、传统城市中轴线、历史文化保护区、重点文物保护单位、历史城市水系和古城基本格局等，加强传统城市中轴线，长安街、朝阜路等文化内涵丰厚的城市重点区域的城市设计，并将对以旧皇城及中轴线、朝阜路文化街为重点的保护区域全面整治，以使北京历史文化名城格局完整、特色鲜明。力争在2008年前，使60处国家级重点保护单位、235处市级保护单位达到良好状态，并争取对社会开放。

北京将以维护旧城风貌，整修文物景观为重点，对以皇城为中心的旧城区的文物进行全面修缮。到2008年，现有295处市级以上文物保护单位中，力争有150处经过整治修缮，得到合理利用。另外，北京还将安排以“两线一街一区”为重点的文物建设抢险修缮工程，以展现北京鲜明的文物特色。“两线一街一区”是指中轴线、朝阜路沿线、国子监街和什刹海地区，这一工程将基本形成北京旧城区的风貌格局，永葆北京作为世界历史文化名城的独特魅力。

文化设施的建设是体现北京城市性质，完善北京城市功能的重要组成部分，是实现2008年奥运会“人文奥运”理念的重要举措。北京市政府经过认真研究，提出2008年举办第29届奥林匹克运动会之前，在北京要建设一批重要的文化设施。这些文化设施建设项目均位于城市重点地区和重要地段，有利于改善城市形象，促进北京文化事业的发展，满足广大民众对文化设施的需要。目前已确定建设的一批文化项目，有的已开工建设。主要有：国家大剧院、首都博物馆、中国美术馆（二期）、国家图书馆（二期）、国家数字图书馆、国家话剧院剧场、中国电影博物馆、中国京剧大剧院、北京新闻中心、北京天文馆新馆、中国汽车博物馆、中国杂技马戏院等。正在积极开展规划设计的有国家博物馆、中国科技馆（三期）、新文化运动纪念馆、首都青少年宫等。“人文奥运”将给北京留下一笔丰富的文化遗产。这些文化遗产不仅包括那些体育场馆，也同样包括博物馆、美术馆等相关的文化场所。

此外，要展现北京“人文奥运”所独有的文化特色，使“人文奥运”的内涵更丰富，除了要大力保护北京的古都风貌，完好留住一段段凝固的历史之外，弘扬其他传统的文化艺术形式也是奥运“文章”的重要组成部分。

为更好地实施《北京历史文化名城保护规划》，我们制定了一系列保障措施：一是从把北京建设成为第一流的现代化国际城市和历史文化名城的高度，充分认识实施《北京历史文化名城保护规划》的重要性，广为宣传北京历史文化名城保护的意义，在全社会逐步形成热爱名城、保护名城的共识。二是进一步落实“两个战略转移”的方针，积极推进城市建设重点逐步从市区向远郊区转移、市区建设从外延扩展向调整改造转移的步伐，疏解旧城区人口和功能，落实与疏散城区人口相应地段的经济适用房项目，为保护历史文化名城创造良好条件。三是加快制定历史文化名城保护的相关法规，包括《北京市历史文化名城保护条例》《北京市历史文化保护区管理规定》和《北京历史文化保护区保护准则》等，作为法律依据严格执行。四是除政府财政投入外，多渠道筹集资金，探索文物保护单位和历史文化保护区保护、维修、整治、利用的有效途径，初步建立资金保障机制。五是进一步加强对继承和发扬历史文化名城传统风貌和文化特色的研究，深入挖掘历史文化遗产的内涵，继承和弘扬中华民族的优秀文化传统。

总之，在未来的几年中，要进一步深化和落实“人文奥运”的理念，抓住筹备2008年奥运会这一难得的历史机遇，不断探索，用于实践，为把北京建设成为第一流的现代化国际城市和世界历史文化名城而努力奋斗。

在首都规划建设委员会第26次全体会议上的发言

（2005年12月3日）

今天会议讨论的一系列规划，无论是重点新城规划、中心城控制性详细规划，还是《北京市国民经济和社会发展第十一个五年规划纲要》有关城市建设内容、奥运工程进展情况，都描绘出北京发展的美好蓝图。听了以后很受鼓舞。这些规划内容符合国务院批复的《北京城市总体规划》的基本精神，也符合北京城市发展的实际，规划设计的理念正确，编制水平也达到较高层次。

一、关于重点新城规划

实施顺义、通州、亦庄三个新城的规划建设，既有利于促进区域协调，又有利于疏解中心城功能，特别是有利于北京旧城的整体保护。新城与过去规划的卫星城之间有本质的不同，新城将是居住与就业岗位相匹配，对中心城具有较强的“反磁力”，能够推动一定区域城乡统筹发展的新型城市。重点新城规划中提出实施的十条保障措施，均很重要，能够保障这些新城有较快的发展。特别是这三个重点新城距离中心城均不远，要防止与中心城连成一片，其中，第二道绿化隔离地区的实施十分关键。

二、关于中心城控制性详细规划

这次中心城控制性详细规划涉及内容多、涵盖范围大，能在这么短的时间内完成，十分不容易。规划重点内容的第一条“控制中心城总体规模，逐步向新城疏解人口和产业”和第二条“实行旧城整体保护，妥善处理保护与发展的关系”都是非常重要的内容。1949年1月，北京和平解放，文化古都避免了战火的摧残。当年3月，著名建筑学家梁思成先生完成了《全国重要建筑文物简目》，其中提出的第一项文物，即“北京城全部”。时隔55年，还是在3月，我们又一次听到“要整体保护旧城”的呼吁，就是在2004年3月9日，刘淇书记在《北京城市总体规划》修编工作动员大会上讲话时说：“要整体保护旧城、文物和其他历史资源”。可喜的是，仅仅时隔一年半，旧城整体保护的各项措施就落实到了控制性详细规划之中。

在这次规划中对北京旧城的历史文化资源及其内涵有了进一步的阐释，在旧城人口总规模控制方面有了新的更高的标准，特别是在道路交通规划方面提出“发展公共交通”“保持传统肌理”“明确旧城内不再建宽马路，道路宽度以15～25米为主，保护区以疏离胡同为主，不再进行道路的拓宽，并将5、7、9米的胡同纳入交通组织”等，这些都是旧城整体保护的有力措施，是规划理念上的很大进步。

有了好的规划，大家最关心的是规划实施，如何确保城市规划蓝图变为城市建设的行动和城市发展的现实，这是当前最为重要的任务。根据北京的实际，我认为，一是加大规划的宣传，包括继续加大对《北京城市总体规划》的宣传，实施政务公开，使广大市民能够对规划的主要内容基本了解，使各级领导干部能够对规划的核心内容深刻理解，使全市规划建设工作者能够对规划的各项内容熟练掌握。这三个层次都十分重要，是规划得以落实的保障。二是在规划审批方面严格管理，特别是面对大量要求改变规划的项目，要建立严格的、规范的管理制度和民主程序，绝不能轻易突破。在执行规划方面在京中央单位十分关键，特别是北京旧城范围内中央单位用地占到了54.2%，因此，在京中央单位在执行规划方面有着重要的责任，也有着重要的示范作用。最近北京市文物局向部分不合理占用文物建筑的中央单位发出整改通知书，也是落实《北京城市总体规划》的实际行动，北京市文物局也到国家文物局来执法，我们承诺明年上半年就将我们管理的北大红楼中的十几家单位全部迁出，2008年北京奥运会之前建成对市民开放的博物馆。

北京前门大街（2011年5月15日）

从“以旧城为中心发展”到“发展新区，保护旧城”

——探讨历史城区保护的科学途径与有机秩序[1]

（2006 年 5 月）

城市是人类的伟大创造，保护历史性城市是当今国际社会的基本共识。世界上任何一座历史悠久的城市，都积淀了深厚的城市文化底蕴，遗存有丰富的历史街区、文物古迹和传统民居，荟萃了文化遗产的精华。我国的历史性城市尤其如此，它们或是历代王朝的都城，或是历史悠久的文化古城；或是自古繁华的商贸中心，或是南来北往的交通枢纽；或是中外交流的重要港埠，或是兵家必争的军事重镇；或是风景秀丽的游览胜地，或是别具风情的民族都邑。北京城更被称为世界城市史上的“无比杰作”，是中国古代都城建设的“最后结晶”。任何一座城市都有着她的光荣与辉煌，任何一座城市的发展也不可避免地存在着矛盾与问题。我国是世界上拥有历史性城市最多的国家。这些城市今天往往又是千百万民众生活于其中、充满活力的大城市，因此肩负着“保护”与“发展”的双重任务。几十年来，在处理城市化发展与保护文化遗产之间关系方面，我们没有能够充分认识到历史性城市是我国文化遗产中最重要的组成部分，是人类共同的宝贵财富，同时又是不可再生和无法替代的文化和经济资源。因此，历史性城市的保护始终在艰难与曲折中前行。现实告诉我们，历史

[1] 此文发表于《文物》，2006 年第 5 期，第 45 页，2006 年 5 月出版。

是不容割断的，不尊重历史最终将受到历史的惩罚。

一、“以旧城为中心发展”之路越走越窄

在我国，是“以旧城为中心发展”，还是“发展新区，保护旧城”的问题由来已久，从新中国成立之初即成为每一座历史性城市的战略抉择。总结历史性城市保护的历史教训，首先要回顾著名的“梁、陈方案”。20世纪50年代初的那场争论的中心焦点是如何确定首都行政中心的位置。争论的一方主张行政中心应当在旧城的基础上予以发展，他们认为：旧城本来就是故都，行政中心放在旧城似乎顺理成章。另一方主张在当时的西郊另立行政中心。这实际上是一场事关首都建设总体规划根本性、原则性问题的争论。梁思成、陈占祥先生于1950年2月正式提出了《关于中央人民政府行政中心区位置的建议》，建议：“早日决定首都行政中心区所在地，并请考虑按实际的要求和在发展上的有利条件，展拓旧城与西郊新市区之间地区建立新中心，并配合目前财政状况逐步建造。”[①]这份长达2.6万字的建议强调：“北京为故都及历史名城，许多旧日的建筑已成为今日有纪念性的文物，它们的形体不但美丽，不允许伤毁，而且它们在位置部署上的秩序和整个文物环境，正是这座名城壮美的特点之一，也必须在保护之列，不允许随意掺杂不调和的形体，加以破坏。”“现代行政机构所需要的总面积至少要大于旧日的皇城，还要保留若干发展余地。在城垣以内不可能寻出位置适当而又具有足够面积的地区。”“今日城区的拥挤，人口密度之高，空地之缺乏，园林之稀少，

① 梁思成，陈占祥：《关于中央人民政府行政中心区位置的建议》，见《梁思成文集（四）》，1页，北京，中国建筑工业出版社，1986。

街道宽度之未合标准，房荒之甚，一切事实都显示着必须发展郊区的政策。”“如果把大量新时代高楼建造在文物中心区域，它必会改变整个北京街型，破坏其外貌，这同我们保护文物的原则是相抵触的。”因此，“我们必须决心展拓新址，在大北京界区内，建立切合实际的、有发展性的与有秩序的计划”。这“是新旧两全的安排。所谓两全，是保全北京旧城中心的文物环境，同时也是避免新行政区本身不利的部署”。建议指出：对于北京旧城中心，“今后我们则应有自觉的责任，有原则性地来保护它，永远为人民保护这有历史艺术价值的文物环境”。并着重强调，“如果原则上发生错误，以后会发生一系列难以纠正的错误”①。

今天看来，“梁、陈方案”所陈述的理由是何其充分和无可辩驳。“当时理应给以足够的时间研究，并开展充分的讨论”，“这个问题本来也是可以取得比现在更为完美的结果，可惜对这问题的重大程度当时认识不足，包括而后像城墙城门拆除等等，决定过于匆忙”②。在有关部门最后上报的意见中认为：行政中心放在旧城区是在北京市已有的基础上，考虑到整个国民经济的情况及现实的需要与可能的条件，以达到新首都的合理意见，而郊外另建新的行政中心的方案则偏重于主观愿望，对实际可能条件估计不足，是不能采取的。从而否定了“梁、陈方案”，也就从总体规划层面上决定了北京古都，特别是历史城区日后的命运。

当年，梁思成、陈占祥先生在《关于中央人民政府行政中心区位置的建议》的最后，一连用了8个“为着”的排比句子来表

① 梁思成，陈占祥：《关于中央人民政府行政中心区位置的建议》，见《梁思成文集（四）》，5～14页，北京，中国建筑工业出版社，1986。
② 吴良镛：《北京旧城与菊儿胡同》，17页，北京，中国建筑工业出版社，1994。

达他们的殷切希望："我们相信，为着解决北京市的问题，使它能平衡地发展来适应全面性的需要；为着使政府机关各单位间得到合理的，且能增进工作效率的布置；为着工作人员住处与工作地区的便于来往的短距离；为着避免一时期中大量迁移居民；为着适宜地保存旧城以内的文物；为着减低城内人口过高的密度；为着长期保持街道的正常交通量；为着建立便利而又艺术的新首都，现时西郊这个地区都完全能够适合条件。"[①]今天，距离上述8个"为着"的论断提出已经半个多世纪过去了，北京历史城区保护和发展的实际情况，与梁思成、陈占祥先生的良好愿望相悖，出现了诸多他们预料之中的问题，归纳为8个方面，以充分证明当年"梁、陈方案"的远见卓识。

1. 行政办公布局零乱，影响职能发挥

在否定"梁、陈方案"之后，由于没有统一的行政中心区规划安排，新中国成立之初，即在一些当时的公房、王府和保存最好的四合院内安插各级行政办公机构。此后，随着各项事业的发展行政办公用房严重不足，各单位或原地拆房扩建，造成文物的大量破坏；或另行选址建设，形成分散布局。目前行政办公机构广泛分布在历史城区内外的各个方向，与居住、商业、金融商贸设施混杂，造成功能相互干扰和影响，不利于行政职能的有效发挥。

2. 大量商贸金融功能"聚焦"旧城

几十年来，众多城市功能在北京历史城区内叠加。如果说前二十多年间涌入历史城区的多为行政机关和事业单位，那么后

① 梁思成，陈占祥：《关于中央人民政府行政中心区位置的建议》，见《梁思成文集（四）》，24页，北京，中国建筑工业出版社，1986。

二十多年间则是大量的商业开发项目。使占北京规划市区面积仅为6%的历史城区内，聚集了行政、商贸、金融、展览、娱乐、旅游等多种极具吸引力和扩张力的城市功能。这样实际上是继行政中心之后又将商务中心的功能再次叠加在了历史城区之上，对北京历史城区的保护产生了更加严重的影响。

3. 功能的聚集带来人口的过度密集

来自北京市统计局的数据显示了全市将近1500万常住人口的分布状况，“全市常住人口密度为每平方千米888人，近一半的常住人口集中在朝阳、海淀、丰台、石景山4个近郊区。近郊区的人口密度已是10个远郊区县的15倍。截至2004年年底，东城、西城、原崇文、原宣武4个城区常住人口200.4万人，城区人口密度最高，为每平方千米23008人，城区的人口密度是近郊区的4倍，远郊区县的63倍”①。

4. 单一中心造成“摊大饼”式蔓延

目前，北京市区中心区的建设早已“摊”过了四环。今天的北京市中心城面积已经是北京旧城的10倍，等于又建设了10个北京旧城②。从《北京城市总体规划（2004年—2020年）》文本中1975年至2002年北京市域土地利用遥感图的对比分析，我们可以清楚地发现单一中心城市“摊大饼”式的蔓延居然是如此快速，所引起的城市景观和城市环境的变化又是如此剧烈。

5. 历史街区和传统建筑被大量拆除

“北京旧城的历史性建筑损毁过半。1949年旧城共有建筑约

---

① 杨学聪：《北京每平方公里人口密度888人》，载《北京日报》，2005-06-01。

② 注：根据《北京城市总体规划（2004年—2020年）》公布的北京市中心城2003年的城市建设用地已达630.13平方千米，而北京旧城的占地为62.5平方千米。

2000万平方米，其中平房四合院1300万平方米。至2003年，这些还保留着历史信息的建筑总量已不足1949年的四分之一，拆除的部分很多是价值较高的房屋和院落。”“北京旧城胡同数量急遽减少。1949年旧城共有胡同3050条，至2003年，道路宽度在20米以下的胡同街巷仅剩1600条，其中1990—2003年胡同拆除近千条。”①

6. 传统建筑年久失修生活条件恶化

在历史城区内大规模房地产开发和“危旧房改造”逐步升级的同时，历史街区内的大量传统建筑却迟迟得不到应有的修缮，造成大面积的房屋质量“人为衰败”。由于居住人口密度高，人均居住面积少；房屋年久失修，各类违章搭建严重；生活服务配套不足，市政基础设施落后，致使居民生活条件非常恶劣。同时，历史街区内的许多胡同街巷和传统建筑因被挤占和拆改，存在严重的火灾隐患。

7. 交通布局难以适应城市发展需求

伴随各种城市功能被集中塞入北京旧城的同时，历史城区也担负着难以承受的交通流量。由于居民就近工作比例较低，大量人口在郊区居住，在城区就业，人为造成往返交通高峰，引发城郊之间的交通大潮。为了解决日益严重的交通问题，历史城区的道路被一再拓宽，反而引发交通“决堤”效应，直接将大量机动车交通引入了历史城区，不但使传统街巷整体格局和城市肌理遭到破坏，而且使交通环境质量更加恶化。

8. 旧城传统风貌遭到持续性的破坏

“北京旧城已有一半以上的建筑空间被完全重建。剩余的

---

① 吴良镛：《总结历史，力解困境，再创辉煌——纵论北京历史名城保护与发展》，见《部级领导干部历史文化讲座》，333页，北京，北京图书馆出版社，2005。

部分也正不断受到建设性破坏的威胁，其中，连同公园和水面在内，保留较完整的历史风貌空间已不足15平方公里。”“旧城传统的空间轮廓线正日复一日地遭到大批涌现的新建筑摧毁。旧城原建筑制高点景山万春亭和北海白塔的高度，均为63米左右，而目前旧城中突破原45米建筑高度控制的建筑物已超过百栋，并已出现多座高度超过100米的高层建筑。”[①]

决策失误付出的代价是倍增的。20世纪80年代以来，两院院士吴良镛教授多次指出，北京旧城面临的最大问题是“过分拥挤”。“特别是自从确定北京以旧城为中心在改造中发展的原则后，北京旧城区不断膨胀，处在不断地迁就当前要求，陷于在缓慢地、持续地破坏之中。”“沿着这些年来这个路子继续下去，只能是这样的一个结果：好的拆了，滥的更滥，古城毁损，新建零乱。”[②]更为严重的是，北京单一中心的城市规划布局模式对全国产生了巨大的示范效应和极其深远的影响。特别是我国各历史性城市普遍采取了“以旧城为中心发展”的城市规划建设方针，将行政中心和本应在新区安排的各项功能强行叠加在了历史城区之上。于是，与北京所出现的上述问题相类似的情况也不同程度地在其他历史性城市中重演。

“新中国成立初期，西安的城市发展模式选择了‘新旧混合’的方式，即旧城被新城包围，旧城之中插入新的建设，这种模式决定了无论是保护还是发展，相互制约，处理起来难度非常之大”[③]。特别是近20多年来在历史城区范围内，新增了过多的单

---

① 吴良镛：《总结历史，力解困境，再创辉煌——纵论北京历史名城保护与发展》，见《部级领导干部历史文化讲座》，333页，北京，北京图书馆出版社，2005。

② 吴良镛：《北京市的旧城改造及有关问题》，见《城市规划设计论文集》，350页，北京，北京燕山出版社，1988。

③ 张毅：《探寻西安古都风貌保护之路》，载《经济日报》,2005-03-03。

位，聚集了过多的人口。层出不穷的现代高层建筑严重损害了以钟楼、鼓楼、城楼以及大、小雁塔等构成的西安标志性景观和天际轮廓线，破坏了原有的以低层传统建筑为主的旧城格局和历史风貌。

历史悠久的南京旧城是文化遗产资源分布的密集区，也是历史文化名城特色的集中代表。但是由于单一中心的城市规划布局影响，使历史城区又成为各类现代城市功能的聚集地。在占市区建成区面积不到20%的历史城区内，却集中了市区建成区50%以上的人口，65%左右的就业岗位，80%左右的高层建筑。根据2002年现状调查资料，明城墙内已经基本改造的各类用地约占总用地的70%，尚未改造的用地仅有5平方千米，历史城区的传统风貌发生了根本变化。

杭州旧城历史上依西湖而立，因湖山而名，经过历代营建，西湖周围风景名胜荟萃，文物古迹众多，本应在城市规划布局上充分考虑这一特色，妥善保护西湖周边的文化遗产及其背景环

陕西西安城墙（2010年7月25日）

境。但是几十年来，城市建设却多集中于西湖附近和周边地区，导致临湖的建筑物越来越密，层数越来越高，体量越来越大，严重破坏了西湖“有山山不高，有水水不广，有建筑园林，多以精巧、简朴取胜”的宜人环境和恬静氛围。

福州历史城区经历的是大规模拆迁。福州曾有过历史脉络完整、风貌极富特色的历史城区。但是在旧城改造中这里的文化遗产遭到多种方式的破坏，最主要有两种方式：一是成街连片“旧屋”的大规模拆除，使许多传统建筑灭失；二是所谓文物建筑“迁移重建”“异地复建”，使众多文化遗产丧失了真实性和完整性。目前，历史城区内近70%的历史街区和传统建筑被夷为平地，如此大规模的拆迁改造，使历史城区的传统布局和特色风貌遭到无可挽回的破坏。

苏州历史城区也曾遭到过粗暴的破坏，其中最大的遗憾和教训，一是城墙被拆毁大半。原有10个城门，现在只剩下盘门、胥门和金门3个。二是作为古城灵魂的河道被填。短短几年时间里，在历史城区内先后填埋河道23条，总长度达16.3千米，使古城的水环境一度被严重污染。三是修建了横穿历史城区的交通干道，拆毁了长达数千米的宋、元、明、清、民国时期的街道、小巷、建筑、石桥，拦腰切断了长达2500年的古城历史文脉。

阆中自古以来就有“阆苑仙境”之称誉，诗人杜甫称赞“天下稀”，历经2300余年，历史城区内遗存有丰富的文化遗迹。但是由于经济、交通以及观念等诸多原因的制约影响，历史城区日渐颓败，更加为拆毁古城提供了口实，特别是20世纪90年代城市化进程的不断推进，古城阆中拆除古街建新街，推倒旧房建新房，历史城区面积从3.5平方千米锐减到1.8平方千米，一批弥足珍贵的历

四川阆中古城（2009年5月7日）

史街道、文物建筑、传统民居遭到严重破坏，甚至荡然无存。

对于众多历史性城市来说，日益沉重的经济发展压力、新旧混合的城市建设模式，从一开始便注定了保护与发展的矛盾不可调和。“‘以旧城为中心发展’，结果是既无法避免在改造中对旧城造成程度不一的‘建设性破坏’，同时仍然不能满足它的日益发展的功能要求；而呼吁保护尽管努力以赴，实际上力量是很微薄的。”[1]文化遗产在保护的口号下无情地消逝，城市建设在控制的前提下贸然前行；发展建设是当务之急，文化遗产保护则功在长远；是立足于建设还是立足于保护？“历史文化名城”与“现代化城市”，当这双重角色同时叠加在一个历史城区

① 吴良镛：《北京旧城与菊儿胡同》，22页，北京，中国建筑工业出版社，1994。

空间之上时，城市发展的每一步就都远比其他城市走得更为艰难而沉重。“新中国成立50年来旧城基本的矛盾就是企图在同一空间上既要保护旧城，又要建设现代化的城市；既承认它是伟大的遗产需要保护，又强调要改造，还期望‘现代化与历史名城交相辉映’等等，理论上似很辩证，几十年来的实践结果却矛盾重重。”“正由于我们没有及时总结经验教训，陷入盲目性，错误总屡犯不止，‘学费’屡交不止，这就是问题所在。”①

二、“发展新区，保护旧城”之路的不懈探索

面对全国范围内历史城区保护中存在的诸多问题，针对如何妥善处理好保护与发展的关系，50多年来，各历史性城市政府及有关部门进行了大量实践探索，城市规划和文化遗产保护领域的专家、学者也开展了一系列理论研究。

在实践探索方面，洛阳最早进行了“远离旧城建新城”的尝试。新中国成立初期，古都洛阳被列为我国重点建设的工业城市，在进行重点建设项目选址时，由于各方面因素制约，没有采取当时流行的“以旧城为中心发展”的规划模式，而是综合考虑文物部门和各方面意见，避开旧城及东周王城、汉魏故城和隋唐城等大型古代城市遗址，选择在远离旧城8000米的涧西区进行集中的大规模建设。此举在当时独具一格，曾引起普遍注意，被国内城市规划界誉为“洛阳模式”。“这样的布局方式是正确的，可惜后来的发展没有注意保留地下城址，不足为训。”②特别是洛阳市第一期城市

① 吴良镛：《总结历史，力解困境，再创辉煌——纵论北京历史名城保护与发展》，见《部级领导干部历史文化讲座》，328 ~ 329 页，北京，北京图书馆出版社，2005。
② 吴良镛：《历史文化名城的规划结构、旧城更新与城市设计》，载《城市规划设计论文集》，292 页，北京，北京燕山出版社，1988。

规划将隋唐城宫城遗址所在的西工区规划为工业区，造成城市建设与文化遗产保护的尖锐矛盾，一些古代城市遗址遭到破坏。1995年洛阳市第三期城市总体规划编制完成，明确规定："将隋唐都城南半部22平方千米遗址，作为绿地保护，不作为城市建设用地，新市区跨越这22平方千米向南发展，从而创造了在城市中心区黄金地段，保存超大面积文化遗址的范例。"①这被誉为真正的"洛阳模式"。可惜这一成功经验后来在全国各地历史性城市的规划建设和大型古代城市遗址的保护中提倡推广得不够。

陕西韩城文物古迹众多，在总面积62.24公顷的历史城区内保存有大量历史街区、古代建筑和传统民居。韩城的城市总体规划编制于1985年，奠定了历史城区保护的总体框架。在陕西省政府关于韩城城市总体规划方案的批复中明确指出：鉴于旧城区文物古迹集中，保存完整，兼有大量古老民族传统风貌的民居宅院的特点，应"辟为历史文化风貌区"。为此，韩城在历史城区的北部规划建设了新城区，作为"全市的政治、经济、文化、教育以及煤炭和电力企业管理中心"。历史城区与新城区之间有大约70米的地形高差，因而在历史城区保护和新城区发展上，可以做到互不干扰，相得益彰。同时，在历史城区外围设立了总用地约5.04平方千米的环境协调区；在功能分区上将主要工业区布局于城市西北及北部，与历史城区保持较远距离；在对外交通联系上，南北干线公路从历史城区外围绕过，铁路线和主要车站则安排在新城区的北侧，这些规划措施构成了对历史城区整体保护的有力支撑。随着政治、经济和文化中心向新城区的转移，历史城区"完

① 河南科技大学文化遗产保护研究课题组：《洛阳城市发展与文物保护的经验与教训研究》，2005。

整的古城风貌”和历史街区，以及大量古代建筑和传统民居得以保存。1986年韩城经国务院批准成为我国第二批历史文化名城。

苏州在处理好历史城区保护与新区建设的关系方面觉悟得较早，效果也较明显。20世纪90年代，苏州就确定了“保护古城、建设新区”的方针，先后设立了西区和东园。西区即在历史城区以西建设的苏州高新区，目前已建成35平方千米。东园则指在历史城区以东建设的苏州工业园，该园区已完成建设面积70平方千米。两区充分发挥对外开放优势，吸引大量国际资本进入，形成了新兴主导产业，同时带动历史城区内的企业向园区集中。进入21世纪以来，按照“全面保护古城风貌，建设现代化新区”的目标，苏州又启动了平江、沧浪、金阊三个新城区工程。在苏州的城市总体规划中，历史城区的职能定位是文化、旅游和居民居住，新城区则承担中心城市的职能，包括商务、交通、物流，而现代制造业则集中在工业园区。条目清晰的城市职能分工，分解了历史城区的人口压力。最为可喜的是，苏州历史城区的保护不但没有影响经济的发展，反而通过城市规划布局的合理调整，城市土地的集约利用，保护与发展相得益彰，各项经济指标在全国同类城市中均处于领先地位。

丽江古城和平遥古城于1997年双双进入《世界文化遗产名录》。为了加强对古城的整体保护，两座城市相继做出了“保护古城，另建新城”的决定。丽江在地震灾害后的重建中，下决心搬迁历史城区内的机关、学校、工厂，恢复古城风貌。为了降低历史城区内的人口密度，疏解旅游人数不断增长对古城的压力，丽江市政府决定规划建设名为“祥和丽城”的新城区，为历史城区的保护创造更为宽松的条件。平遥申报世界文化遗产成功时，

2.25平方千米的历史城区容纳了近5万居民，而经过科学论证历史城区内合理的人口规模应以2.2万人为上限。为此，平遥县政府计划在4年内建设4个新区，以便引导2万多居民从历史城区迁出，这是为保护世界文化遗产实施的大规模疏解城镇居民行动。

在2002年关于南京历史城区未来发展的市民调查中，31%的市民认为应强调历史文化和古都风貌的保护，62%的市民认为应强调历史与现代结合，仅有7%的人认为应强调现代化大都市建设。为妥善处理好保护和发展的关系，南京市政府确定了“一城三区”的城市发展战略，提出将城市现代化建设的重心转移到新区，以举办第十届全国运动会为契机，将城市发展空间一举突破历史城区范围，越过外秦淮河，集中建设河西新城。“古城金陵看老城，现代南京看河西”。在城市总体规划中将河西新城明确为以商务、商贸、文体三大功能为主的城市副中心。其中，商务中心

云南丽江古城鸟瞰（2006年7月16日）

区位于河西新城中部，成为新城的核心，也成为南京新的城市功能聚集地。河西新城的建设，不仅仅是城市用地规模的扩大，而且是南京对固守了2400多年的城市空间的首次突破，大大提升了城市功能，增强了城市综合竞争力和发展后劲，同时使聚焦于历史城区的城市功能得以有效疏解。

面对经济全球化的挑战和我国经济与城市化的迅速发展，一些历史性城市政府逐渐重视对城市发展的战略性、长远性问题的研究。西安，在最近的城市总体规划修编中，将发展的眼光跳出11平方千米的“四方城”，从延续古都文脉的角度，以新的人文观念和更广阔的空间视野着手解决历史城区保护的难题。一方面“只拆不建”，停止古城墙以内新建项目的规划审批，决心用50到70年的时间逐步降低中心城区的建设密度和高度；另一方面“疏解功能”，将过分集中于历史城区的行政、金融、商贸、交通和居住等功能逐步向外疏解，首先将行政中心从历史城区迁出，以带动相关城市功能转移，全面实施“新旧分治”。成都，城市重点发展离开历史城区仅10平方千米的地域空间，在城市总体规划中确定将历史遗存较少、用地和环境条件相对适宜的城市东部和南部作为城市重点发展方向。杭州，城市发展的指导思想转变为“建新城、保老城”，随着撤销萧山、余杭两市设立区，市域面积扩大了3.5倍，以此为契机，杭州城终于由“西湖时代迈向钱塘江时代”，从而腾出传统空间，降低历史城区的人口密度和建筑密度，保护好历史城区。衢州，确定了以古衢城为主的历史城区和以衢江西岸为主要发展方向的新城区，实行“分而治之”的城市发展格局。上述历史性城市新的发展思路和决策，必将使一系列长期困扰历史城区保护和城市发展的问题出现解决的转机。

在理论研究方面，区域规划的理论研究与实践格外引人瞩目。一方面在引进国外理论的基础上针对我国城市与区域的发展状况开展理论探讨；另一方面结合理论研究着手编制区域规划，为城市发展战略规划的构建提供有力的支撑。与此同时，从区域角度研究解决历史性城市的保护与发展问题也越来越受到重视，取得了长足的发展，其中由吴良镛教授主持开展的两项研究工作颇具影响。

一是20世纪90年代，清华大学、东南大学和同济大学共同合作，完成了“发达地区城市化进程中建筑环境的保护与发展”研究。针对沪宁地区这样一个经济发展和城市化发展在全国均处于相对领先地位，并且历史性城市最为密集（包括上海、南京、苏州、扬州、镇江、常熟等众多国家历史文化名城）的地区，提出就“高城市化”的城市密集地区而言，既不能针对城市问题而就城市论城市，也不能针对乡村问题而就农村论农村，因为城市的可持续发展有其地域的时空极限，它的发展潜力是在区域，而不能独善其身。“所有的城市问题最终只能通过区域的协调发展来解决，所有的城乡矛盾最终也只能通过区域的整体发展来化解。就此看来，迫切需要研究区域的整体发展战略”[①]。进而提出了达到区域发展协同、集成、综合、共济和区域经济增长快速、均衡、持续、健康的战略目标。

二是21世纪之初开展的“京津冀（大北京地区）城乡空间发展规划研究”。该项研究借鉴国际经验和教训，以整体的观念，从大北京地区的范围综合考虑城市发展的战略定位、区域功能和

① 吴良镛，等：《发达地区城市化进程中建筑环境的保护与发展》，176页，北京，中国建筑工业出版社，1999。

空间布局、协调与合作机制等问题，以实现“建设世界城市，带动整个地区繁荣和健康发展”的目的。提出核心城市“有机疏散”与区域范围的“重新集中”相结合，实现双核心/多中心都市圈战略；实现大北京地区的土地整体利用，综合平衡与总体管理；京津两大枢纽进行分工与协作，实现区域交通运输网从“单中心放射式”向“双中心网络式”的转变；采取“交通轴+葡萄串+生态绿地”的发展模式，将交通轴、“葡萄串”式的城镇走廊融入区域生态环境中，塑造区域人居环境的新形态①。同时提出类似北京这样的城市，城市日常功能的疏解范围应该是在距离城市1～2小时的车程，也就是100～200千米的范围之内，大大扩展了历史性城市保护的视野和空间。

展望未来是保证当前决策科学性的一个重要条件。近年来，我国城市规划学界出现一个重要动向，就是关于城市空间发展战略规划的研究，一些历史性城市进行了这方面的探索，取得了积极的成果。2002年，清华大学与北京市城市规划部门合作进行了“北京城市空间发展战略研究”，力解北京城市发展的困境——“摊大饼”与“中心聚焦”。这项研究结果表明20世纪50年代北京城市建设总体规划所确定的“分散集团式”的空间布局模式和“环形加放射”的城市道路结构，在新中国成立初期城市规模不太大的情况下，发挥了一定作用，但是进入城市化加速发展阶段以后，显现出难以适应城市发展的诸多弊端。一方面，在“分散集团式”的空间布局模式中，历史城区作为城市中心的地位不但没有改变，反而有所加强。由于“集团”规模过小，相对独立性

① 吴良镛，等：《京津冀地区城乡空间发展规划研究》，151～152页，北京，清华大学出版社，2002。

很差；距离城市中心区过近，对市中心的依赖性大；布局上过于分散，形成不了分区中心等原因，致使人们仍然集中在历史城区，造成城市中心更为拥挤。另一方面，在“环形加放射”的城市道路结构中，放射道路将大量人流、物流引向城市中心，加剧了城市发展的“单中心聚焦”；而过于密集的环路建设又诱使城市建设不断在沿线聚集，与原有城市发展连成一片，呈“摊大饼”式无序蔓延。为解决上述问题，在“北京城市空间发展战略研究”中，提出跳出“中心大团”，不再在历史城区及其周边打转，而在行政区域范围内探索新的城市发展模式，整体考虑改善城市问题的措施。寻找出了“两轴两带多中心”的结构形式，即在中心城继承发展城市传统中轴线和长安街沿线十字轴，在其外围构建“西部生态带”“东部发展带”，并在市区范围内建设不

湖南凤凰古城（2005年6月9日）

同的功能区，构筑以城市中心与副中心相结合、市区与多个新城相联系的新的城市发展模式。这一结构形式的获得，找到了“走出同心圆”的路子，是对新中国成立以来传统城市结构在城市形态上的一次突破，也是历史城区保护研究的重大成果。

上述实践和研究表明，对于历史性城市来说，及时调整城市的总体布局结构，明确历史城区的地位和主要功能，确定城市新的用地发展方向，扩展保护与发展的视野和空间，是事关城市发展全局的战略性问题，也是历史城区保护应首先解决的关键问题。

三、历史城区整体保护的进一步思考

进入21世纪以来，随着商业性房地产开发的升温，许多历史性城市进一步出现了大规模改造的热潮，历史街区和传统建筑被逐渐拆除，一些突破城市规划控制的大体量建筑物、大规模建筑群不断涌入历史城区，“出现一片片‘平庸的建筑’（generic architecture）和‘平庸的街区’（generic district）”[①]，不仅对历史文化环境造成了严重破坏，而且随着资源、资金、人口、产业等长期向历史城区集聚，导致历史性城市的“大城市病”不断放大，制约发展的因素日益显现，带来了诸多社会经济问题。历史城区保护问题变得比以往任何时期都更加突出。“梁、陈方案”当年对北京所进行的分析，今天成为所有历史性城市在发展中均需面对的现实。但是，目前对于“发展新区，保护旧城”，还是“以旧城为中心发展”这样一个基本问题仍然存在着一些模糊认识。

一种观点主张目前历史城区已经面目全非，没有整体保护的

① 吴良镛：《北京市旧城区控制性详细规划辨》，见《吴良镛学术文化随笔》，169页，北京，中国青年出版社，2001。

必要。认为经过几十年的改造，历史城区内大部分历史街区和传统建筑已经被毁，所残留的文化遗存也已破烂不堪，既然完整保护历史城区的时机已经丧失，不如只保留少数完好的文物古迹，其余全部实施改造。对此，吴良镛教授曾指出："说到底，问题的症结还是因为对50年代的问题未作认真总结。说'时机已经过去了'，其实时机并未过去，桑榆未晚，来者可追。"[①]对于文化遗产保护而言，既没有多与少之分，也没有新与破之分，都应竭尽全力加以保护，国际上的共识是"Never too late"，即"永远不能认为太晚"。今天就各历史性城市来说，经过数百年乃至上千年的历史文化积淀，在历史城区内仍然有大量遗存，其中不少还保持得相当完好。如北京历史城区至今仍然保持大面积平缓开阔的空间格局，仍然有大片的胡同—四合院映衬着宫殿庙宇，仍然在地上地下遗存有大量文化遗产。以致联合国教科文组织官员在考察北京后建议应加强对历史城区的保护，并且可以将皇城整体申报"世界文化遗产"，由此可见，历史城区虽然在过去的岁月中遭到一定破坏，但绝不能放弃对其整体的保护，而应"亡羊补牢"，实施更加积极的保护措施。

第二种观点主张历史城区地处城市黄金地段，应创造更多的经济效益。认为位于城市中心的历史城区，依照经济学原理其经济价值应当最大，土地利用率应当最高，所创造的经济效益也应当最多，而将相关功能向外疏解，发展新区，对历史城区实施整体保护，必将造成土地资源的浪费。对此，我们应该看到，由于我国的历史性城市大都是以历史城区为中心渐渐发展形成的，始终作为城

① 吴良镛：《总结历史，力解困境，再创辉煌——纵论北京历史名城保护与发展》，见《部级领导干部历史文化讲座》，330页，北京，北京图书馆出版社，2005。

市政治、经济中心的历史城区有着较好的区位优势，今天更成为国内外投资者竞相高价争夺的黄金地段。但是，这些历史城区恰恰又是城市记忆保持最完整、历史文化资源最丰富的地区。对文化遗产实施保护，就必然决定了历史城区不可能达到一般城市中心区可能达到的土地利用强度。同时，由于几十年来各个城市规模的日益扩大，历史城区所占城市建设总用地的比例则日益缩小。因此，对历史城区实施整体保护并不会对城市土地合理利用构成影响，更不会造成土地资源的浪费。反而由于历史城区的整体保护，保留住了城市永续利用的文化财富和可持续发展的动力。

第三种观点主张历史城区保护和城市发展是一对不可调和的矛盾。认为历史城区与现代城市格格不入，经济结构、生活方式、意识形态等的发展必然使历史城区逐渐衰败，甚至阻碍现代人的生活，因此已经没有存在的价值，应该“破旧立新”进行彻底的改造。对此，要清醒地认识到保护与发展的矛盾之所以表现得不可调和，根本原因就在于将历史城区和现代城市两种不同的城市功能强行叠加在同一空间。历史城区保护所要求的是文化遗产的真实性与完整性，现代城市所需要的是交通便利和工作高效。两种互为矛盾的城市功能被人为置于激化的焦点之上，造成相互排斥，互相掣肘。近年来，随着城市化的加速发展，历史城区往往又被赋予新的更加强大的城市功能，对原有的保护规划构成新一轮挑战，历史风貌不断地消失，传统道路不断地拓宽、文物建筑不断地拆除，但是现代城市亟须解决的诸多问题仍然不能很好地解决，反而造成保护与发展的矛盾与日俱增。“如果这两者基本上不在同一空间上发展，矛盾就会简单许多。这个规划的基本道理，并不难理解。”“但退一步讲，‘保护与发展’这对基本矛盾如早一点加以明确，并善为处理或可兼顾。”[1]

以上分析表明，在历史城区保护问题上至今还存在着诸多认识问题和缺乏冷静的思考。如果说当年不能认识到历史城区保护的重要意义还可以用“有历史的局限性”来解释的话，那么，在大力倡导可持续发展的今天，对于历史城区保护与城市发展的关系仍然不能有正确地认识，就将使历史的悲剧在更多的历史性城市的规划建设中重演。“‘梁、陈’时代所揭示的‘保护与发展’的矛盾，今天又以更尖锐的形式演示出来，这是时代的挑战，也正是促使我们鼓起极大勇气而旧话重提的原因所在。”[2]目前，我国尚处于发展中国家之列，在城市功能、城市结构和城市基础设施等方面比照发达国家还存在较大差距，城市人居环境质量还需要进一步提高。今后十几年间，我国城市必将迎来较快速度的发展，城市建设还将继续大规模展开，这些在给历史性城市的保护带来难得机遇的同时，也将提出更为严峻的挑战。就此而言，如何在新的条件下持续推进历史城区的保护，仍然是一个迫切需要解决的现实问题。

历史发展不可逆转，但是“梁、陈方案”内在的核心原则，今日仍有坚持的必要。当年的“梁、陈方案”是一部全面而系统的城市规划建议书，其中关于历史城区的战略思考，绝不是如今有些人所认识的，仅仅是为了北京旧城的完整保存而不谋求发展的构想。恰恰“梁、陈方案”是在56年前就已经提出了历史性城市如何“古今兼顾、新旧两利”的原则，其核心内容就是“发展

① 吴良镛：《总结历史，力解困境，再创辉煌——纵论北京历史名城保护与发展》，见《部级领导干部历史文化讲座》，327页，北京，北京图书馆出版社，2005。
② 吴良镛：《北京旧城与菊儿胡同》，23页，北京，中国建筑工业出版社，1994。

新区，保护旧城”[①]，即从整体保护的构思出发，为未来城市的可持续发展提供充裕的空间。对于历史城区保护，过去的着眼点往往重在对其本身物质形态和历史遗存的保护，而实际上随着城市不断地扩张，历史城区的功能也在不断地人为聚集，在它有限的空间内无法承受与日俱增的内容，于是历史城区的拥挤就成为问题之源。要整体保护历史城区，就应该为其保护创造足够的文化发展空间和更好的生态环境质量。实践证明，对于历史性城市来说，“发展新区，保护旧城”的模式，有利于保护与建设互不干扰，相得益彰，是历史城区保护的必由之路。今天，在城市化加速进程的关键时期，重温“梁、陈方案”，有利于在新的形势下进一步拓展历史城区保护的思路。“‘梁、陈方案’所遵循的本是历史名城规划的普遍原则，其价值在于符合‘保护历史城市另辟新区扩建’这样一个规划建设的基本方式。建设新区对于城市发展来说既省钱，又具有相对较大的自由度，可以避免陷入原有城市的复杂矛盾之中。因此几乎成为中外历史上城市发展过程中的一个基本规律。”[②]

事实上，在中国古代城市建设史中，一方面因种种原因不断出现放弃原有城址另择新址建设的情况。如洛阳在洛河两岸不到30千米的范围内，分布着夏、商、周、汉魏、隋唐五大遗址，形成“五都贯洛”的宏伟气势。再如西安自周、秦、汉、唐以来，历代古都都是在巨大的范围、广阔的视野之中运筹部署都城的战略布局。另一方面也有不少城市为了发展等原因，考虑在旧城的一侧另辟新区。如扬州城，始建于春秋时期，经历代修建，至明

① 梁思成：《北京——都市计划的无比杰作》，见《梁思成文集（四）》，65页，北京，中国建筑工业出版社，1986。
② 吴良镛：《总结历史，力解困境，再创辉煌——纵论北京历史名城保护与发展》，见《部级领导干部历史文化讲座》，325页，北京，北京图书馆出版社，2005。

初为便于防御而利用宋代大城的西南隅改筑小城，即后称的“旧城”。明代嘉靖年间在旧城东门外增筑新城。此后扬州城以小秦淮河为界分为新旧城，呈现出东市西府的双城格局。府县衙门和学官等全部在旧城，街巷排列有序、主次分明、纵横严谨，与城内衙署、军事设施相呼应，局部街巷保留了唐代的里坊制度。新城则为工商业区和居民区，清代又云集了富裕阶层与商贩，会馆园林密集，街巷体系呈自由随意状态。又如南京城，明初开始改建，避开了在原南唐金陵城区域形成的老市区，在其东侧新建皇城和宫城，在地势较高的城西北建屯兵军营，在南京城内形成了宫城、居民市肆（即老市区）和军营区三个功能区。再如福建泉州在唐末建子城。此后由于西北方向的晋江渡口成为陆上交通的主要通道，随着经济的发展，市区逐渐向西北发展，在南唐时建罗城将这一地区包括进去。同时，城东南及城南地区则沿晋江发展，扩建城墙，发展为码头、商市和外国人聚居区。“北京的历史从辽到金、元，每次移动发展过程，都是因为地区不足，随着生活发展，或增大城区，或开辟新址。到了明朝初年，就又有衙署地区不足的现象和民居商业区不足的现象，将内城垣南移，取得东西交民巷区的史实，就可以证明前一点。增筑外城则可证实后一点。”[①]中国古代城市建设史中类似实例不胜枚举。这些城市布局的调整与变迁，既顺应了当时城市的发展需求，又保留了旧城的部分使用功能，增强了城市经济、军事等方面的综合实力。

放眼世界城市规划建设的历史，有不少“发展新区，保护旧城”的成功实例。如罗马在20世纪30年代起就规划建设了EUR

① 梁思成，陈占祥：《关于中央人民政府行政中心区位置的建议》，见《梁思成文集（四）》，10页，北京，中国建筑工业出版社，1986。

新城，伦敦规划建设了道克兰滨水码头区等，都对于历史城区的保护起到了重要作用。特别是巴黎拉德芳斯新区的建设更值得借鉴。为了加强对历史城区的保护，巴黎于20世纪70年代起将城市主轴线继续向西延伸，划出85万平方米建设用地，规划建设拉德芳斯商务金融区。拉德芳斯位于塞纳河另侧的相对独立地段，距离巴黎历史城区约2000米。为了加强新城与历史城区的联系，政府建设了至巴黎市中心的铁路快线，仅十分钟就可以到达历史城区，大大增强了新城的吸引力。同时，将教育部和设备部迁至拉德芳斯，并启动了新凯旋门等一系列公共项目。新区高质量的现代化建筑群，相对低廉的租金价格，直接增加了当时最短缺的建筑供给。位于历史城区的商务公司纷纷迁址新城，有效地疏解了历史城区的核心功能。使新城与历史城区既有分隔又有联系，保护与发展互不干扰。“现在，巴黎64%的国外公司位于拉德芳斯。总共3600多家公司中，50%都是公司总部，全球营业额高达1520亿欧元。”[①]拉德芳斯新城的建设对促进巴黎地区的均衡发展、增强巴黎以及巴黎地区的竞争力发挥了重要作用，使巴黎能够在日趋激烈的世界城市竞争中立于不败之地。

在历史城区之外另辟新区的形式，优点在于对原有历史城区不需进行大的调整，而新区的发展则可以根据现实的需要加以安排，布局较为主动。其实，北京也有过向历史城区之外进行有机疏散的成功实践，例如当年曾经有过计划将亚运村和几个亚运场馆放在历史城区内的方案，后来经过研究安排在北四环以外进行建设。结果带动了北部地区的发展，亚运村一带已成为目前城市

① 赵燕菁：《国内外城市空间结构调整实例》，载《瞭望新闻周刊》，2004（46）。

外围较有吸引力的现代化地区。进入21世纪，北京市为了疏解中心区不断聚集的功能，强化了商务中心区、中关村高科技园区和奥林匹克公园等三个新的城市功能区的建设，分别将商业金融设施、高科技产业研发设施和大型文化体育设施远离历史城区集中安排，这些延伸性功能用地的布局与调整，除了使自身功能得以充分发挥外还逐渐吸引居住、商业、服务业等多种功能用地的集聚，对北京的城市格局必将产生深刻影响。

这些成功的实践表明，在新的经济发展阶段，为了有效疏解过于集中的城市功能，历史性城市应着力研究如何在历史城区之外寻找新的经济增长点，促进城市功能的有机疏散，而不是只盯着历史城区的有限空间。同时，必须抓住经济加快发展的有利时期，下决心适时迁出在历史城区用地内无法继续发展的商务办公、金融机构，以及疏解其他建设规模大、交通量大、人流集中的公共设施。“一个城市的结构总是在它发展最快的时候形成的，而一旦形成就难以改变。国际经验表明，城市化达到我们现在的阶段，一定会有一个快速的上升。在这个阶段，不仅仅是经济规模扩大的过程，更是经济结构调整的过程。而没有空间结构特别是城市空间结构的调整，仅仅是城市总量的增长，就不可能实现高效率的经济结构转型。如果我们对此判断不足，将会丧失发展的机遇。”[①]如果我国的历史性城市不在经济快速发展阶段，实现空间结构的战略调整，一旦外部环境发生变化，就有可能长久地失去调整的机会。英国伦敦的道克兰、法国巴黎的拉德芳斯，都是在国家经济大发展时期建成的商务中心区，它们由于有

① 王军：《北京城市空间结构调整机不可失》，载《瞭望新闻周刊》,2004（46）。

效分解历史城区的核心功能，并直接增加最短缺的城市中心区供给，就保持住了整个历史性城市的优势。而东京和汉城则是在经济高速增长时期未能及时改变城市增长模式和单一中心的城市结构，丧失了发展机遇，致使城市竞争力下降，随后出现了关于日本迁都的议论和韩国新行政首都的选址建设。

目前，我国越来越多的历史性城市，针对城市长远发展的战略问题，开始务实地研究城市的发展方向，特别是以行政中心迁移为主题的新城发展格外引人注目，这些历史性城市的政府行政机关及其职能部门的主动疏解，避免了历史城区内各个单位的“观望”现象，起到无可替代的示范作用，同时由于“行政经济”的作用，实现城市结构的战略转移目标可以在相对较短的时间内取得显著效果。在新城规划建设中，还应注意增强对历史性城市的“反磁力”作用，促进产业和就业岗位转移，努力疏解历史城区的压力。如英国于1944年制定了“大伦敦发展规划”，在新城建设中有意识地避免将新城建设成为“卧城”，每个新城都由若干居住社区和工业区构成。到20世纪70年代中期，在伦敦外圈129千米周长范围内已经建立了11个新城，总人口达到180万，与此同时先后迁入位于新城边缘地带的工业区内的2000余个企业和公司，提供了18.8万个就业岗位。巴黎也于1965年的城市规划和地区整治战略规划中提出建设5座新城，每座新城与历史城区的距离为25～30千米。20世纪70年代前后，这些新城陆续投入建设，每座新城的人口规模平均达到30万人。新城积极寻求住宅、就业和人口之间的平衡，不搞单一的居住新城或单一的工业城市，使得新城居民能在工作、生活和文化娱乐方面享有与巴黎历史城区同等的水平。

美国学者L.芒福德（L.Mumford）有句名言，“真正的城市规划必须是区域规划”。国际上，一些发达国家自20世纪中期即开始重视区域规划和发展战略研究，如法国“巴黎的成功实践主要体现在两个方面：一是建立区域观念，扩大发展空间；二是建设郊区新城，促进区域整体发展。20世纪50年代末至60年代初是法国城市化进程的一个重要转折时期，全国城市人口有史以来第一次超过农业人口，预示着全新的城市时代的到来。这一时期，法国关于区域的理论研究十分活跃，巴黎地区先后进行了三次区域规划，对区域概念的认识日渐清晰，先后提出了区域均衡发展、多中心空间布局、城市优先发展轴等新观点，加上巴黎地区行政建制的正式成立，使区域规划的现实性和可操作性更强，规划指导思想经历了从限制到发展的转变，构筑了今日巴黎区域空间结构的雏形”[①]。又如英国在20世纪60年代后开始修改规划编制体系，

法国巴黎鸟瞰（2012年10月21日）

① 李兆汝：《城市区域整体发展：向巴黎学什么？——访清华大学建筑学院副教授刘健》，载《中国建设报》，2005-01-31。

把原有的城市总体规划改为战略性的结构规划。由于区域规划和发展战略研究的重点在“空间”上，并与城市的经济社会发展战略相配合，具有前瞻性、整体性、综合性的特点，既作为城市总体规划的前期研究，以指导规划的编制，又作为城市中长期发展目标决策的重要依据。早在1983年评议北京城市建设总体规划时，吴良镛教授就曾提出“区域整体发展论”，指出：“北京市职能繁多，内容庞杂，只在建成区范围内打主意，‘螺蛳壳里做道场’，总跳不出圈子，也解决不了根本问题。如果从大区域（华北，京津唐等）和亚区域（北京市16800平方千米范围）来考虑，路子就宽了，也活了。”[①]今天，实现区域经济协调发展，既是国家的发展战略，也是大多数城市发展的客观要求。可持续发展理念的确立更使区域规划在内容、范围、理论研究、方法技术等方面发生了新的变化。特别是历史性城市通过实施区域规划，可以缓解在城市性质、规模、布局方面过于集中的压力，通过整合资源、提升质量，可以在继续加快发展的同时，切实促进文化遗产更好地保护和利用，更好地适应经济全球化、区域经济一体化的趋势。因此，区域规划的观点越来越深入人心，成为研究解决历史城区保护的基本方法和重要视角。区域空间日益网络化的发展态势也使得历史性城市的发展不再孤立，区域关系的处理日益成为影响这些城市自身发展战略的关键因素。由此来说，历史性城市的发展不应局限在行政界限范围内，必须有更广阔的发展空间和更完善的环境质量，与区域空间建立起有机联系。特别是在经济快速发展时期，历史性城市更应抓住机遇改变目前“单中心聚

① 吴良镛：《新的起点》，见《城市规划设计论文集》，371页，北京，北京燕山出版社，1988。

焦”的城市形态，避免或减弱“摊大饼”式发展带来的恶果，针对无序的过度集中进行“有机疏散”，缓解历史城区及其周边地区空间的压力。与此相配合，在区域范围内实行“重新集中”，努力使区域城市形态由“单中心”向“多中心”的方向发展，甚至构建在区域内进行功能分工和协调的城市群，形成完善的城镇网络。在拓展历史性城市发展空间，促进区域整体协调发展的背景下，实施历史城区的保护。“面对城市发展在规模扩大和质量提高两个方面的双重挑战，只有区域发展才是唯一的出路。这就要求彻底摒弃‘以城论城’的狭隘城市观念和限制发展的指导思想，代之以宏观的区域观念和引导发展的指导思想，自觉打破行政边界的地域束缚，扩大城市发展的空间范畴，从多层次的区域分析入手，构筑城市区域空间整体发展的新格局”[①]。

当年，梁思成先生曾对一位领导人直言，“在这些问题上，我是先进的，你是落后的”，强调，“五十年后，历史将证明你是错误的，我是对的”[②]。今天，“梁、陈方案”已经是一份永远不可能再实施的历史文献，已经被破坏了的历史城区风貌更难以再现。但是，“梁、陈方案”所传递的“发展新区，保护旧城”的战略思想仍然具有重大的现实意义。“前车之鉴，后事之师”，我们在处理历史性城市保护与发展的问题上将更多一份科学理性的思考，更多一份对历史传统的尊重，更多一份留给未来的文化遗产。

---

① 李兆汝:《城市区域整体发展: 向巴黎学什么？——访清华大学建筑学院副教授刘健》，载《中国建设报》，2005-01-31。
② 王军：《城记》，184 页，北京，生活·读书·新知三联书店，2003。

在首都规划建设委员会第27次全体会议上的发言

（2006年12月28日）

今天会议讨论的几个文件都十分重要。在新修订的《北京城市总体规划》批复后的不长时间里，北京市规划部门就完成了大量专业规划，区域规划，工作效率很高。同时，我认为这几项规划如果得到顺利实施，将会对北京历史文化名城保护起到促进作用。例如环境整治规划的实施，将使历史文化街区和文物背景环境得到进一步改善；新城建设规划的实施，将有效缓解北京历史城区的现实压力和避免新的功能聚集，有利于历史城区的整体保护；轨道交通规划的实施，不但方便人们出行，而且将抑制机动车的增长，减少历史城区内历史街巷的扩建，这些规划都是符合国务院批复的《北京城市总体规划》的重要措施，这些规划目标的实现将使北京的人居环境更加美好。

吴良镛教授在刚才的专题报告中提出了一系列重要意见，例如关于“需要有更大的空间来布局城市功能”的意见；关于“建设‘中华文化枢纽工程’，塑造城市的文化特色”的意见；关于“对历史文化名城实行‘积极保护’与‘整体创造’”的意见等，都是符合北京城市长远利益和具有前瞻性思考的建议。近年来，建设“中华文化标志”不断被提起，例如山东济宁提出筹建中华文化标志城；甘肃天水提出建设“中华始祖文化园”；河南郑州提出建设“中华炎黄坛”；湖南怀化提出建设“中华和平文化园”等，面对越来越多的“中华文化标志”，人们在思考，在五千年的华夏文明史中，什么能够真正作为代表中华文化的标志？在这一背景下，吴良镛教授提出：“把北京历史文化名城保护好、整治好、发展好，就是最有现实基础的、中国最大的，甚至是无与伦比的‘中华文化枢纽工程’。”

北京城是中国都市规划的“无比杰作”，是中国历代皇都的“最后结晶”，在世界城市史上具有杰出地位。进入新世纪，越来越多的城市提出建设“文化城市”的定位，特别是英国伦敦市市长于2003年宣布伦敦城市定位为“世界级文化城市”，产生了较大影响，也引发了不少城市重新思考文化定位和发展方向。例如曼彻斯特市在其城市文化产业发展战略咨询报告中，提出“文化变成了城市发展战略的轴心，经济、社会、技术和教育的战略都将越来越维系于这个文化轴心”的理念，并断言21世纪的成功城市，将是文化城市。实际上建设“世界级文化城市”，北京最具备条件和基础。吴良镛教授的一系列建议，既符合北京历史文化名城保护实际，又符合国际文化城市发展方向，建议北京市对吴良镛教授专题报告的内容深入研究，加以吸纳。

北京历史城区（2013年6月14日）

从“功能城市”走向“文化城市”发展路径辨析[①]

（2007 年 3 月 10 日）

从“工业社会”走向“后工业社会”，从“工业化时代”走向“信息时代”，从“机器时代”走向“生命时代”，从“增长主义”走向“可持续发展”，从“技术时代”走向“人文时代”等等，人类社会有着共同的发展走向。尽管视角、概念并不一致，但有一点是共同的，即我们正处于变化之中[②]。“城市”与“文化”也不例外。21世纪，“城市”与“文化”的联姻是历史进步的必然，城市发展的走向必将是从“功能城市”走向“文化城市”。

一、新的世纪，城市文化从幕后走向前台

近年来，在国际领域，“文化城市”“文化之都”的活动持续开展，影响深远，使相关城市和广大市民的文化态度焕然一新。同时，“城市复兴”的思潮也已由理论探索阶段，演化到实践执行阶段，包含了更加丰富的内容，而城市文化在其中的促进作用格外引人注目。

---

① 此文发表于《文艺研究》，2007 年第 3 期，第 41 页，2007 年 3 月 10 日出版。
② 吴良镛：《国际建协〈北京宣言〉——建筑学的未来》，193 页，北京，清华大学出版社，2002。

（一）“文化之都”活动注入城市新的活力

“欧洲文化之都”诞生于世纪之交。早在1985年，由欧盟部长理事会在政府间发起了“欧洲文化城市”活动。该活动基于两项基本共识：一是“欧洲过去是，今后也仍将是既丰富又风格迥异的文化和艺术中心”；二是“城市在欧洲文化的诞生和传播方面发挥着关键作用”。这一活动的最初目标，是向欧洲公众展示这一地区相关国家、地区和城市文化的独特风采。首批当选“欧洲文化城市”的城市几乎都是世界著名的历史性城市[①]。1999年5月，欧洲议会和欧盟理事会经过对该项活动举办15年来所取得的成就进行审查后认为，“这一活动可以强调人们所共同拥有的欧洲文化的丰富性及多样化的内涵，进一步促进欧盟公民之间的相互了解”[②]，并决定给予这一活动以“共同行动”的地位。随后，“欧洲文化城市”这一称谓被改为“欧洲文化之都”。每年由欧盟理事会根据欧洲委员会的推荐进行命名。尽管当选“欧洲文化之都”的城市并不一定是某个国家的首都，但荣获这一称号的城市拥有负责组织整个地区活动的权力。“欧洲文化之都”这一目标宏伟并蓬勃发展的计划，在21世纪继续得到重视和发展。每一个申请成为“欧洲文化之都”的城市，都必须就实现下述目标制订持续12个月的文化活动计划，内容包括：提倡为欧洲人所共享的艺术活动或艺术形式；保证欧盟成员国之间的文化合作能够长久持续；支持并发展那些富有创造性的文化活动；确保能够动员大多

① 首批当选“欧洲文化城市”的城市包括：1985 年雅典、1986 年佛罗伦萨、1987 年阿姆斯特丹、1988 年西柏林、1989 年巴黎、1990 年格拉斯哥、1991 年都柏林、1992 年马德里、1993 年安特卫普、1994 年里斯本、1995 年卢森堡、1996 年哥本哈根、1997 年萨罗尼卡、1998 年斯德哥尔摩、1999 年魏玛。

② 欧洲议会 1419/1999/EC 号决定第一条及欧盟理事会关于在 2005—2019 年期间就欧洲文化之都活动举行共同行动的决定，1999 年 5 月 25 日。

数欧盟国家公民参加文化活动；促进欧洲文化之间及与世界其他地区文化之间的对话；加强对城市历史遗迹、城市建筑的保护，提高城市的生活质量。这一计划还应强调其所拥有的文化和文化遗产与欧洲文化遗产的关系。

“欧洲文化之都”这一概念目前已经跨越欧盟边界向欧盟之外的地区传播。比如，在美洲大陆，由35个国家组成的美洲国家组织（OAS）在1997年决定以欧洲这一活动为楷模，发起名为“美洲文化之都”的大型年度性文化活动。在阿拉伯地区，“阿拉伯文化之都”活动已经持续地开展了多年。俄罗斯联邦的伏尔加联邦区在2001年也以欧盟这一活动体系为基础，宣布举行类似的活动。越来越多的城市从“文化之都”活动中得到了实际的收获，扩大了影响，并使其影响长久不衰。如改善了城市环境，提高了城市形象，增加了城市的文化氛围，注入了城市新的活力。“欧洲文化之都”活动不仅在环境和文化方面带来巨大的影响，还可以使人们的文化态度焕然一新，各种特殊的艺术活动也由此而生。

（二）“城市复兴”中城市文化的贡献

西欧各国的城市更新运动，在一开始就受到以物质规划为核心的近现代城市规划理论思想的深刻影响，这些规划思想的本质是把城市看作一个相对静止的事物，希望通过对物质环境的设计解决城市中的所有问题。大规模推倒重建的城市改造实际就是这些思想的直接后果。虽然清理贫民窟和随之而来的大规模城市建设以及对城市中心土地的强化作用，曾经一度带来城市的繁荣，但很快就带来了大量的城市问题，加剧了人们不断逃离城市生活的倾向，同时给城市带来了极大的破坏。在此背景下，西欧各国城市更新的理论与实践有了进一步发展，从主张目标单一、内容狭窄的大规模改造逐渐转变为主张目标广泛，内容丰富，更有人文关怀的城市更新理论。随后，在可持续发展的思潮影响下，进而逐渐形成了城市复兴的理论思潮与实践。城市问题是一个极为复杂的系统，它往往受到社会、环境、物质与经济发展及转型的综合影响与相互作用。城市复兴则是在这种环境下面对挑战及抓住机遇的一种回应。在欧美国家，城市复兴理论思潮的形成与发展虽已经过一段时间，且目前已由理论的探索阶段演化到实践的执行阶段，但是，城市复兴自身，也还在逐步完善，尝试包含更多更全面的内容。

英国在二战后的工业生产竞争中未能获得新的成功，重温过去的辉煌，与之相反，它却首先体会到了城市变革趋势的影响。面对社会矛盾和动荡，以及大规模城市改造给城市文化带来的破坏，英国政府通过对城市理论的探讨，城市政策的修订和城市建设的实践，首先在20世纪70年代中期的《英国大都市计划》中提出了“城市复兴（Urban renaissance）”的概念。“城市复兴”概念的形成有一个发展的过程，它是建立在过去半个世纪城市的发展变化及政策的调整上。如今，“城市复兴”一词被定义为：用全面及融汇的观点与行动来解决城市问题，寻求一个地区在经济、体形环境、社会及自然环境条件上的持续改善。从生物学角度解析，“复兴”是指失落或损伤组织的重新生长，或者是指系统恢复原状。对于城市来说，也是如此。城市复兴涉及已经失去的经济活力的再生或振兴；恢复已经部分失效的社会功能；处理未被关注的社会问题；以及恢复已经失去的环境质量或改善生态平衡等等，城市复兴更着眼于对现有城区的管理和规划，而不是对新城市化运动的规划和开发[①]。

引人注目的是，城市文化在城市复兴实践中的促进作用。20世纪90年代英国专门成立特别工作组，研究“城市复兴的计划”。2002年下半年，伦敦市政府提出了耗资巨大、雄心勃勃的《伦敦重建（城市复兴）计划2003—2020》，并付诸实施，这项工程将耗资1100亿英镑，以进一步提高伦敦的国际竞争力为核心。伦敦重建的目标是：建设一个开放、包容、富裕、优美、社会和谐的新伦敦，使其在居住质量、空间享受、生活机会和环境保护等诸多方面都处于欧洲的领先地位，使每一个伦敦人以致英国人都为之自豪。英国副首相普里斯科特指出：伦敦城市复兴的重大意义在于，用持续的社区文化和城市规划的前瞻性来恢复城市的可居住性和信心，把人们再吸引回城市[②]。根据英国一项名为“文化对英国城市复兴的贡献：证据调查”的政府报告显示，文化在城市复兴中扮演着至关重要的角色。该报告通过相关的城市复兴的案例证实：文化在物质环境、经济环境和社会环境方面都能够产生良好的效益，促使城市复兴得以很好地执行，并最后获得好评。如今，城市文化已经成为城市复兴中不可或缺的重要成分和核心。在提升历史城区的活力和品质、为地区发展赢得经济来源等方面，文化都起到了积极的作用。一方面，利用地方的文化资源，结合文化产业的发展，能够使得地方特色得以延续，并在经济、社会方面持续发展。另一方面，在失去活力的地区引入文化发展项目，形成一个地区新的文化因素，也是文化带动城市复兴的一种重要方法。

① 吴晨：《“城市复兴”理论辨析》，载《中国建设报》，2006-05-26（7）。
② 程大林，张京祥：《城市更新：超越物质规划的行动与思考》，载《城市规划》，2004（2），71页。

“城市复兴”的理论和实践，虽然是在西方的社会、政治和经济背景下发展起来的，但是对于现阶段我国城市发展的理论探索与实践有着积极的借鉴意义。在一定程度上，我国城市发展和城市复兴所面临的任务，比较西方发达国家的城市情况要更为复杂，任务要更为严峻，周期要更为漫长，这就决定了中国的城市建设在研究借鉴西方发达国家城市建设和城市复兴有关理论和经验的同时，更需要针对我国的特点、国情与具体情况，探索出一条适合我国特色的“城市复兴”途径和策略。“有机更新”理论是吴良镛教授在对北京旧城和我国其他城市规划建设长期研究的基础上首先提出的，“有机更新”理论的阐述，丰富了城市更新的理论成果，特别是它在北京的成功实践，更引起了国际的赞誉和广泛关注。“有机更新”的核心思想是主张按照城市内在的发展规律，顺应城市肌理，从而达到有机秩序。从“有机更新”到新的“有机秩序”，从物质环境的提高到城市文化的建设，这是人文复兴与人居环境整体发展的途径，符合可持续发展思想。在上述研究的基础上，吴良镛教授进而提出了“人居环境科学”理论体系，前瞻性地提出了包括城市文化建设在内的人居环境理论的发展方向。通过“城市复兴”与“有机更新”的理论和实践，人们认识到城市发展不仅仅只是涉及物质规划，城市理论的发展越来越多地涉及社会、文化和环境的方方面面。

（三）澳门向世界递出文化城市名片

2005年7月15日，在南非德班市举行的第29届世界遗产委员会会议上，与会委员国一致同意将我国“澳门历史城区”作为世界文化遗产列入《世界遗产名录》。喜讯传来的翌日，贴有澳门历史城区纪念邮票的20万张明信片，通过广大澳门市民之手寄往世界各地，上有中、英、葡3种文字："让我们一起欢呼：澳门历史城区列入世界遗产！"澳门历史城区成功申报世界文化遗产的意义重大。一向以博彩业闻名于世的澳门，如今骄傲地向世界递出一张文化名片。随着历史城区被列入世界文化遗产，澳门树立起了引人瞩目的文化城市的国际形象。澳门历史城区列入世界文化遗产，这意味着澳门人的传统生活方式和经验得到世人的认可，意味着澳门人和谐的社区管理模式受到世人的赞赏，意味着澳门"不同而和，和而不同"的文化传统对人类文明发展具有普遍的价值。

自16世纪中叶，澳门在400多年的激荡变迁之中，在从一个小渔港变成一个繁荣都市的过程中，营造了一个不同文化、不同宗教、不同习俗共生同处的多元社会。澳门历史建筑群保存了澳门中西文化交流的历史精髓，"澳门建筑文化遗产的特色，已充分反映了澳门作为中西文化交流的桥头堡的文化历史价值"[①]。它是中国境内现存年代最久远、规模最大、保存最完整和最集中，以中西式建筑为主、中西建筑互相辉映的历史城区；是西方宗教文化在中国和远东地区传播历史重要的见证；更是400多年来中西文化交流互补、多元共存的结晶。更为难能可贵的是，澳门历史城区至今仍然保存原有风貌和延续原有功能，不仅是澳门文化和市民生活的重要部分，更是澳门为中国以至世界留存的一份珍贵文化遗产。如果注意到高楼大厦已经湮没了具有相同历史与建筑风格的许多其他东方城市，澳门保存历史与文化的成果就显得难能可贵，具有无限的文化价值。

一般来说，城市竞争优势，尤其是核心竞争力来源于城市独特的、难以被其他城市模仿的优势。而澳门所具有的独特魅力、周

① 刘先觉，陈泽成：《澳门建筑文化遗产》，17页，南京，东南大学出版社，2005。

边地区不能模仿的竞争优势，就是过去被自己有所忽视的最宝贵的文化遗产资源。事实上，澳门的这个优势不但使香港、新加坡等周边城市无法祈望，而且以中国传统文化和南欧历史文化的融合为主要特征的澳门历史城区，也与我国内地其他城市的文化特征形成区别。澳门回归祖国以来，特区政府努力保持和维护历史城区的特色，加强对文物建筑的修葺，并注意把握不同风格和代表性历史建筑之间的平衡，使极其珍贵的文化遗产得以传承。几年来，澳门国际音乐节及澳门艺术节又巧妙地把文物建筑延展为艺术舞台，通过将艺术表演与文物景观有机融合，把文物古迹的现代生命呈现在世人眼前，也因此获得了国际社会和本地居民的好评及赞许，保护文化遗产更成为广大居民热心参与的全民事业。

（四）"中华文化枢纽工程"创意的启示

1998年有关人士提出建设中华文化标志，并把文化标志分为两类，一类是思想文化标志，如汉字、文化典籍等，另一类是固体文化标志，也就是雕塑建筑方面的文化标志。"华夏文化纽带工程"1998年正式由中国社会科学院批准实施，同时，中华文化标志的系统也于1999年启动筹建。华夏文化纽带工程率先发起在孔子的故乡——山东济宁筹建中华文化标志城。之后，又在各地筹建五大文化标志园区，包括在甘肃天水建设以伏羲文化为主体的"中华始祖文化园"；在河南郑州黄河南岸邙山岭东端建设包括炎黄二帝巨型塑像在内的"中华炎黄坛"等。2006年2月，国家有关部委对湖南怀化建筑以弘扬天地人合一的和平文化标志"太和塔"为主体的"中华和平文化园"进行开工前的评估和论证。至此，我国已有五个省立项建设以传统文化为代表的标志物。面对越来越多的"中华文化标志"，人们在思考，在五千年的华夏文明史中，什么才能真正作为代表中华文化的标志？文化标志又如何才能体现出博大精深的中华文化的精髓？

如何把一个民族特有的文化理念，转化为固定形象的艺术创造，使其成为一个民族心目中的神圣象征，一个民族精神和信仰凝聚的标志物。实际上，中华文化很难单用一个统一的包容一切的标志来体现。“中华文化标志，不能搞肤浅的应景式的建筑。既然是文化标志，就应具有神圣、神往、神奇的历史意义，当然最主要是能被华人认同，同时又能代表时代和地域文化的精华”[①]。显然，建设“华夏文化纽带工程”的宗旨应该是，从学术和艺术层面上，深入开掘、细致研究、大力弘扬华夏文化的“纽带”性质和作用，增强海内外华夏儿女的文化认同感和文化凝聚力，增进中华民族和世界各民族的文化交流和文化联系。而中华文化标志的确立也应该是立足长远、造福子孙万代的千秋功业。值得注意的是，重点文化设施作为一个城市文化的标志，在文化地位和文化影响力方面具有强烈的效果。在实践中，必须经过充分的可行性研究，以切实的论证为基础。近年来，不少城市采用建设大型文化项目来带动地方发展的做法，投资巨大、体量巨大、造型怪异，不仅未能成为城市文化的标志，反而影响了城市的文化形象。

2004年11月，吴良镛教授在部级领导干部历史文化讲座上所作的报告中指出：若干年前某些单位发起拟在某地“九龙山”作“中华文化枢纽工程”，立意很好。但即使在一个风景还好的地方重起炉灶，能具有像北京这样的历史文化名城如此巨大的吸引力与震撼力么？因此，我们放眼世界，首先要认识到把北京历史

① 杨光：《我们应该建什么样的文化标志》，载《光明日报》，2006-03-02（5）。

文化名城保护好、整治好、发展好，是最有现实基础的中国最大的甚至是无与伦比的“中华文化枢纽工程”[①]。对于北京，1998年2月，国际古迹遗址理事会主席席尔瓦先生考察天坛和颐和园列入世界文化遗产名录时，他曾深情地说：“我很早就仰慕古都北京，今天终于来了。北京虽然未像巴黎、罗马那样保存完整，但是我看中心部位的皇城区域尚基本保存。这是北京古都的核心部位，还是够条件的。”“在其他一些国家也有把古城的一部分列入《世界遗产目录》的。”席尔瓦先生最后表示，在他任期内，希望能为北京城列入世界文化遗产做出最大的努力。席尔瓦先生的愿望未能实现，但是努力在继续。2006年8月，国家文物局致函北京市政府，建议将北京的胡同和四合院整体列入重新设立的《中国世界文化遗产预备名单》。

在城市发展的过程中，需要着眼于更长的时间，把历史性城市作为“巨大的艺术品”，对城市中传统文化遗存精心加以呵护，让新的文化创作在城市文化的发展中不断调整深化。

二、城市文化体现城市发展的长远价值

一个文化稀薄的城市必定是危机四伏的城市，而一个繁荣的城市必定有着积极健康的城市文化。今天推进和谐城市的发展，应该在更高的层次上对城市精神进行新的归纳，使其既具有城市文化的本质特征，又符合现代社会发展的要求。一个城市的发展既取决于经济实力，也取决于文化实力。城市文化的力量正取代单纯的物质生产和技术进步而日益占据城市经济发展的主流。保

① 吴良镛：《“总结历史，力解困境，再创辉煌”——纵论北京历史名城保护与发展》，见《部级领导干部历史文化讲座》，349页，北京，北京图书馆出版社，2005。

留自己的文化，城市才有自信。同时，要对城市的过去注入新鲜的血液，赋予过去新的生命，才是城市发展的必然规律。

（一）城市文化是社会和谐的集中表现

文明时代的城市第一次具有了城市的意义，文明时代的城市也第一次揭开了“城市文化”的篇章。今天，城市文化是社会文明在城市的缩影，是社会和谐在城市的集中表现。而“以人为本”和“科学发展观”既是治国谋略，更是城市文化的精髓，是实现社会和谐、诚信、责任、尊重、公正和关怀的保证。将这一文化精髓贯彻到城市发展的各项事业中去，有助于创造一个和谐城市，从而在文化与经济发展之间形成良好循环。

目前不少城市都在忙于“塑造”或“打造”城市精神，但是不难发现在这一过程中，有的忘记了当地民众、有的忘记了自身历史，有的忘记了自主创新，而是进行狭隘的、表层的、趋同的概括。实际上真正的城市精神就存在于普通民众之间，对城市精神的概括和提炼应使更多的民众理解和接受，进而发扬光大。城市市民的文化素养是和谐城市的重要因素。归根到底,市民才是城市的真正主人。市民既是城市文化的受益者、传承者,也是城市文化的体现者、创造者。城市是人们生活和交流的地方，应该能够激发人们交流、合作的欲望。一座城市最吸引人的地方不是其外在的建筑，而是弥漫于城市中的文化气息和特有的生活方式。一个城市的文化形象、文化氛围和文化品位,在很大程度上是通过每一位市民的言谈举止、生活方式和精神面貌体现出来的。市民素质影响并决定着城市素质。不同时期的城市文化成果，凸现的是人的知识、能力、智慧和创造，是人的进化和文明在城市文化上的反映。和谐城市突出的是人们对城市文化的自觉意识、自觉行动、自觉创造。

适宜居住是和谐城市的重要特征。宜居城市（Livable cities）在1996年的联合国第二届世界人居大会“可持续的人居环境”中得到系统发展。人类需要文化内涵丰富、自然生态良好的城市环境，这是城市适宜居住的重要特性，并与可持续发展的城市形态和结构密切相关。在我国，2000年广州市率先编制了城市总体发展战略规划，其中明确提出了“适宜创业发展，适宜居住生活”的城市发展理念。2005年1月，国务院正式批复《北京城市总体规划（2004—2020年）》。此次总体规划提出北京的城市目标明确为“国家首都、国际城市、文化名城、宜居城市”。“宜居城市”概念首次在国内提出。随后，全国各地许多城市都将“宜居城市”作为未来城市的建设发展目标，“宜居城市”这一颇具理念性和亲和力的概念迅速在全国范围内普及，并在国内迅速引起共鸣。什么是“宜居城市”？我们的城市现状“宜居”吗？这些问题成为市民关心、政府关注的焦点。对此，城市的生活居住者最有发言权，城市居民共同给出的答案才是真切的，最具有判断价值。就当前我国城市的宜居水平来看普遍不高，城市宜居建设还有很大的提升空间。特别是一些大城市、特大城市，在城市发展惯性的作用下，产业和人口高度集聚，引发人口膨胀、环境污染、交通拥挤、就业压力增大等城市问题，人们时时处在喧闹、紧张、竞争的压力状态，“宜居城市”在短期内还只能是奢望。

建设“宜居城市”体现了城市建设和发展从“以物为中心”向“以人为中心”的转变。实现“宜居城市”，就需要城市拥有舒适的居住条件、良好的生态环境、富有活力的工作氛围、完备的基础设施、完善的社会保障、安全的社会治安与和谐的人际关系。在此背景下，人们开始追求更高水准的生活品质，宁静、舒适、安全、和谐的“宜居”环境和独特的城市文化。建设“宜居城市”就要以市民的全面发展和身心愉悦为中心进行规划建设，而不是片面地追求“政绩工程”“形象工程”。一些城市政府提出建设“宜居城市”，多是站在城市硬件建设的角度，相应的对策自然是加大城市建设的投入，却很少站在市民的语境下，考虑居民对所居住城市的整体感觉如何，想到的不是居民对城市的满意度，不是如何提高市民的生活环境、生活质量，缺乏从公众需求的角度考虑宜居城市建设，这是当前“宜居城市”建设的一大误区。美国有线电视新闻网（CNN）评出了2005年百个最适合居住的城市。在美国人心目中“宜居城市”的标准并非是城市的大小，他们所看重的是良好的教育、充足的就业机会、便利的交通和美丽的风景，以及最重要的一条：当地居民对城市的满意度和忠诚度[①]。建设“宜居城市”，不仅仅是硬件建设，更重要的是城市文化的培育。北京大学侯仁之教授认为：“‘宜居城市’应当包括生态环境与历史环境的内容。历史建筑就是体现历史环境的实体之一，在规划的过程中，不仅仅是尊重历史建筑本身，同时，要考虑其原来的环境，也就是历史环境的保护。”[②]

城市的“文化自觉意识”，就是指城市决策者和广大市民所必须具备的在知识经济时代创建文化城市的自觉意识，就是要求城市的发展不能仅仅关注城市的物质生产、经济积累以及城市各方面的建设在数量上的增长，而要更关注文化的发展，关心人的发展成长，重视和发挥人的作用的自觉意识。“每个城市如果真正地深入地研究自己的历史文化，总结其历史经验，捕捉当前发展的有利条

① 牛建宏：《宜居城市建设要从公众需求着眼》，载《中国建设报》，2006-01-13（1）。
② 赵中枢，曲长虹：《城市规划要尊重历史环境》，载《中国建设报》，2006-09-26（2）。

件，创造性地制定发展战略，不失时机地集中地调动多方面的积极因素（包括文化优势），等等，城市发展必将大有可为”。

（二）文化竞争力决定城市竞争力

城市竞争力是一个综合概念，既包括经济竞争力，也包括文化竞争力。但是，人们往往容易看到通过数量和指标体现出来的城市经济竞争力的作用，而忽视对城市发展潜移默化产生巨大影响的文化竞争力的作用。

在物质增长方式趋同、资源与环境压力增大的今天，城市文化逐渐成为城市发展的驱动力，体现出较强的经济社会价值。这也是城市文化得到各国城市政府关注和重视的主要原因。法国原文化部长朗歌曾说：“文化是明天的经济。”经济的持续发展需要以繁荣的文化为支撑。文化的繁荣是城市繁荣的重要标志。文化繁荣既对经济繁荣起推动作用，又是经济繁荣的表现。纵观一些国际性城市，经济的繁荣是先决条件、文化的繁荣才是真正的标志。一个城市的发展，是其整体的、长远的文化价值和局部的、暂时的经济利益不断产生矛盾、解决矛盾的过程。如果一个城市把局部的、暂时的经济利益放在首位，那么除了仅仅使某个范围的眼前利益得以满足外，这个城市终将由于其根本价值的贬值或丧失而失去它包括经济价值在内的整体的、长远的价值。全球经济一体化，既不应该是全球城市一体化，也不应该是全球文化一体化。当前，世界上许多国家将文化安全提上议事日程，并采取种种措施，保护民族文化遗产，弘扬民族文化传统。对此，我们也应当冷静地反思：在无数经济增长指标的后面隐藏着哪些“城市文化危机”和忧患，及时转变落后的经济增长方式和城市发展理念，树立正确的文化发展战略。

城市实力是一个综合概念，既包括城市硬实力，也包括城市软实力。所谓城市硬实力，是指城市的经济总量、财政收入、硬件设施等；所谓城市软实力，是指城市的体制机制、文化水平、人文环境等。城市硬实力和城市软实力共同构成了城市竞争力。同样，文化竞争力也可以分为文化硬实力和文化软实力。文化硬实力包括一个城市的文化设施健全程度、文化遗产数量、文化从业人员的结构等。文化软实力则包括一个城市的文化氛围、文化传统，文化法规健全程度和城市居民的规则意识等。与提升文化硬实力相比，提升文化软实力更为艰巨。然而，目前许多城市在发展过程中，重硬件建设、轻软件发展，对文化软实力的重视很不够。张在元先生针对城市文化进行了近四年调查，期间穿梭于71个国家的近百座城市，对所拍摄的近14万张建筑与城市景观幻灯片进行分析后发现：城市的气质来自历史与文化的积累、城市的魅力体现于不同时代建筑的有机集合。他认为："城市是人类生存的集合空间载体，支撑这个载体的'硬道理'在相当程度上可以理解为构成人工空间与环境的技术体系；而导向这个载体运行的"软道理"则是城市文化。""任何一座城市起源于人类的'软道理'——想象力与自治力。城市衰落往往与'软道理'背道而驰——夸张与破坏"[①]。

文化软实力能够使人们潜移默化地接受文化价值观，因而日益受到关注。当今经济活动依靠的是文化内核，科研创新依靠的是文化造诣，生产管理依靠的是文化修养，技术掌握依靠的是文化素质，更重要的是依靠民族的文化精神。德国汽车质量优于美国，不在于技术设备优于对手，而在于德意志民族严肃认真、一

① 张在元：《城市发展的"软道理"》，载《城市规划》，2003（9），55页。

丝不苟的精神文化。文化与经济日益相互交融，文化对经济社会的发展起着越来越重要的作用。在我国城市，文化产品的供给相对于满足民众日益增长的精神文化产品需要的目标而言，已经形成“战略性短缺”，文化发展不能适应国民经济和社会发展的状况必将较长期存在，促进文化发展的任务愈来愈紧迫，这关系到国家的文化安全，关系到建设良好文化环境。

传统文化是增强一个城市的认同感和凝聚力的重要内容，是激励一个城市不断开拓前进的强大的精神力量。德国的一份独立调查报告称德国人重新回到了城市，期望在那里享受到更高的生活质量、更好的生活保障及更丰富的文化娱乐。报告称，其中近3/4的德国人回到城市是因为对城市历史遗存情有独钟。城市告诉我们文化的昨天，城市见证我们文化的今天，城市也预示我们文化的明天。但是，今天我们在太多的城市中，已经无法了解城市的昨天，也就难以把握城市的今天，更不可能准确预测到城市的明天。因为，破坏性的建设和建设性的破坏一次又一次无知并无情地割断了城市昨天与今天的文化联系，使城市丢失了文化灵魂，破坏了城市中人们生活习惯和社会关系赖以维持的基础，使人们难以找到“回家的小路”。两年前，在西安，一场全市上下参与的城市人文精神和地域文化的大讨论持久而热烈。在深入探讨城市文化资源和人文特色的过程中，西安人恍然大悟：50多年的建设和发展，对于丰厚的文化遗存，“我们曾经太过强调使用价值，而忽视了其巨大的情感和文化价值”[①]。舒乙先生在全国政协十届二次大会发言中指出：“文化的属性不同于其他，它有长期的稳定性和生命力，不像

---

① 张毅：《探寻西安古都风貌保护之路》，载《经济日报》，2005-03-03（15）。

社会体制那样多变和相对短暂，因此文化是民族的象征和根，是一个民族的姓氏。一个城市最后取胜的武器并非靠经济，最后取胜的一定是靠那些只属于你一家独有的东西，就是文化。”①

20世纪90年代以来，确立城市文化品牌逐渐升温，成为各级政府认真思考和决策的重要课题。城市文化品牌既是一个城市历史文化传统、自然环境特色、现实生活状况的综合表述，又是一个城市的主导意识形态、市民文明素质、审美价值趋向以及对未来发展憧憬的集中体现。城市文化品牌应源于生活而又高于生活，具有鲜明的文化特征，能包容所代表城市的文化性格，代表这个城市在社会公众中的总体印象和评价，并容易为人们所记忆和指认。深厚的文化积淀是形成城市文化品牌的重要源泉。好的城市文化品牌是城市的内在素质和文化内涵的外在表现，同时也是城市的整体风貌和特色，是城市文化价值的体现，它可以起到升华城市形象，凝聚城市精神的作用。目前，在城市文化品牌定位方面的弊端是个性缺失所造成的特色危机，一些城市对历史特色、地域特色和民族特色弃之不顾，盲目照搬照抄、简单模仿，导致城市文化品牌的同质化。甚至有的城市一方面无情地摧毁传统的、真实的、珍贵的，历史上已然存在的城市文化品牌，另一方面却又加大投资，全力“打造”仿古的、伪劣的、缺少文化底蕴的假古董。事实证明，只有个性化才是不可替代的，只有唯一性才能获得长久的生命力。一个城市的文化品牌要享誉全国，走向世界，先决条件是对那些能够体现城市特色的文化资源进行有效的挖掘、集聚、整合和利用，使其以独特的魅力获胜。特色一旦形成，就会成为稳定的知识产权。因此，城市

① 舒乙：《保护文化名人故居是当前先进文化持续发展中的一个紧迫任务》，在政协十届二次会议上的发言，2004年3月。

决策者在确立城市文化品牌时，一定要维护好历史传承，留住城市的“命脉”，在保护中弘扬，让城市的历史文化积淀再现时代人文之光。实践证明，城市文化品牌的确立离不开市民的参与、呵护与涵养。市民是其塑造的主体，也是其长盛不衰的动力。因此，必须让市民认同自己城市的文化品牌，为之感到骄傲和荣耀，并身体力行地加以宣传。

（三）城市文化创新引领城市发展方向

保留至今的文化遗产的丧失，使城市失去文化记忆；创造不出新的城市文化，城市将迷失自己的发展方向。

城市文化不是化石，化石可以凭借其古老而价值不衰；城市文化是活的生命，只有发展才有持久的生命力，只有传播，才有影响力，只有具备影响力，城市发展才有持续的力量。所以，城市文化不仅需要积淀，还需要振兴，需要创新。城市不仅仅是一些建筑群，不仅仅是一些经济体的组合，“城市是文化的容器”。事实上，城市还应该是文化的摇篮、文化的土壤，城市应该不断地培育出新的先进的城市文化。只有文化内涵丰富、发展潜力强大的城市才是魅力无穷、活力无限的城市。

20世纪50年代，美国科学家注意到，在发达的工业化国家，2%的人生产的农产品和3%的人生产的工业产品就能满足人们基本的物质生活需要。于是当时就提出一个问题，当5%的人已经满足了社会的基本需要的时候，那另外95%的人生产的是什么呢？研究发现，在经济发展到一定程度的时候，生产的和消费的全部都是文化。在我国，随着城市化进程加快，“千城一面”暴露的不仅是各个城市对传统文化遗产保护的乏力，更暴露了这些城市对创造新的城市文化的乏术。在文化遗产遭破坏的同时，并没有能够创造出新的城市文化，使城市文化失去灵魂而逐渐空壳化。在城市经济快速发展的同时，没有做到文化与经济的良好互动，未能避免市场经济对文化的负面效应，甚至出现牺牲城市文化建设的浮躁状况。

在考虑城市传统文化保护的同时，也要考虑城市文化创造的传承问题；在考虑城市和谐统一的审美要求时，更要考虑可持续发展的增量要求。古时社会人们的生活习惯、环境、状态是单纯而质朴的，而现在人们的生活状态是复杂而多变的。要达到社会环境和生活形态与所在城市环境的和谐统一，才能有效解决城市建设中保护与发展的矛盾。保护与发展必须统一起来，而且可以统一起来，保护传统文化本身就是现代化城市建设的不可或缺的重要组成部分。这一认识表现最突出的是在许多欧洲城市，几乎无一不把现代化城市建设和保护原有风貌结合起来。英国早已放弃“旧城改造”的提法，而改用激活旧城，整治旧城等指导思想，针对不同历史城区的特点，探索多种多样的保护与利用措施。城市化的加速进程，使未来20年，成为我国城市由初级化向高级化转变，由一般性向特殊性转变，由战术性向战略性转变的关键时期。因此，必须从中长期战略的高度确立城市文化核心思想和整体战略布局，以全面构筑面向未来的城市核心功能与价值体系。卢涛和李先逵先生认为：城市核心具有六个方面的功能与价值：一是文脉功能与历史价值；二是社会功能与文化价值；三是精神功能与艺术价值；四是环境功能与生态价值；五是使用功能与物质价值；六是经济功能与再生价值。对城市核心价值的重新认识为城市核心发展研究提供了重要基础①。

① 卢涛，李先逵：《城市核心可持续发展研究的多学科调适理念》，载《城市发展研究》，2002（1），26页。

一个历史阶段城市风貌特征的形成，与当时的社会经济发展背景、科学技术水平等密切相关，历史性城市的可持续发展也应体现不同时代的时代特征。如在中国改革开放背景下诞生的城市深圳，虽然只是一个历史很短的城市，但其规划理念、城市功能、空间形象和发展速度等，都代表了我国城市发展过程中改革开放背景下“新兴城市”的时代特征。这样的城市数十年或上百年后，将有可能作为中国社会经济发展史和城市发展史上的重要代表，而成为具有重要研究价值的历史文化名城。同样，浦东新区也将作为历史性城市持续发展的重要范例而留下历史印迹①。

总体而言，不论未来城市的结构与形态如何变化，在城市文化的组成中，必然既有本土文化，又有外来文化；既有现代文化，又有传统文化。城市就是这样一个多种文化的共存体，琳琅满目，错综复杂，矛盾重重，但又多样统一。这种新与旧、中与西文化的共存，有它的必然性和规律性，我们要更加自觉地认识和利用这些规律来创造独具特色的城市文化。城市文化如此重要，首先要有文化提升的任务。不过文化提升和物质建设发展的要求有很大不同。物质追求很具体，可以提出指标分别落实到各个层面去执行，而文化的提升则不能如此简单操作。城市文化是不断更新的动态文化，是体现时代特征，随着城市的不断发展而向前推进的文化。随着时间的推移，城市文化也必然能够客观反映出对城市发展的肯定与否定。

城市文化保护与城市对外开放并不矛盾，反而相辅相成。关于文化的发展，鲁迅曾说过一句非常深刻的话：“外之既不后于世界之思潮，内之仍弗失固有之血脉。”这句话抓住了文化最重要的两

① 蒋伶：《历史文化名城保护规划的发展观》，载《城市规划》，2004（2），69页。

个特性，一个是时代性，一个是民族性。古今中外的城市，凡是能够吸引人的，都凸现在与其他文化的交流上，而不是与世隔绝。城市文化是人类社会文明发展的主流文化之一。因此，城市发展的重心是文化，文化也是城市发展的最终价值。现代城市要在发展中进行长期和持久的文化再造，并在再造中创造新文化。

三、从“功能城市”走向“文化城市”

今天，我国城市文化的发展处于新的十字路口，历史与现代、继承与发展、保护与创新，均需要以文化战略的眼光进行审视。面对我国的“城市黄金时代”到来，我们必须保持清醒的头脑，抓住城市振兴的机遇，激发旺盛的城市活力，促进城市文化的健康发展。今天人们对待城市文化的观念和方式，决定着城市走向未来的步伐。在21世纪的发展过程中，城市文化毫无疑义地被置于更为重要的位置，被赋予更加崇高的使命。世界文明发展大势，风云流转、变动不居，正如整部世界历史所显示的那样。当某一文明的土壤慢慢肥沃起来，在其中便孕育着世界文化城市的未来。我国历史性城市正面临着这一难得的机遇。

（一）“城市黄金时代”与城市发展转型

20世纪末，英国城市学家P．霍尔(P．Hall)在写了《明日之城市》之后，又撰写《城市文明》一书，提出“城市黄金时代”的概念，即在特定的时期，城市可以凸显独特的创造力，成为人类文明建设的灯塔。他在进一步选择西方2500年文明史中的21个城市，在细评其发展源流、文化与城市建设特点之后，指出城市具有4个方面的独特表现：一是城市发展与文化艺术的创造，二是技术的进步，三是文化与技术的结合，四是针对现实存在的问题寻找答案。他指出，在城市发展史中有十分难得的“城市黄金时代”现象。这特别的窗口同时照亮了世界内外，如公元前5世纪的雅典，14世纪的佛罗伦萨，16世纪的伦敦，18—19世纪的维也纳，以及19世纪末的巴黎等等，清晰可见。从人类文明史角度看，这些所谓处于“城市黄金时代”的窗口城市，都是世界文化城市，都是世界文明之花。它们都曾是世界文化地图上令人瞩目的地标，而人类文明史上的各种文明则是这些伟大城市的底色。它们都有自己的文脉、自己文化的根，但同时又都曾是开放度很高的国际化文化城市。一方面能够吸收世界上各种各样的优秀文化，另一方面能够让自己的文化精华为世界所了解，所接受，所喜爱。

在20世纪上中叶，我国城市的经济与文化与世界发达的城市相比明显地落后了，难道中国建筑文化传统真的成为“弱势文化”?被人置于“危险的边缘”?就如此一蹶不振?面对中国如此蓬勃的建设形势，除了吸取西方所长外，就如此碌碌无所作为?我们不能不反躬自省。然而，在20世纪后期，不到30年的时间里，拥有13亿人口的中国脱离贫困，这不能不说是人类发展史上的一个奇迹。“事实

北京景山远眺

上，今天的中国城市无论沿海还是内地都处在大规模的建设高潮之中，可以说已经进入城市的黄金时代；并且，依笔者所见，如果乐观一点说，中国可以有若干城市同时塑造它们的黄金时代”①。学术大师的论述启示我们，应该把当今我国城市的发展放到历史的长河中和全球化的宏阔背景中，有一个更高的定位，塑造它们的黄金时代。因此，城市未来发展除了经济社会等方面努力外，更要注重文化上的行动，把发展的重点引导到塑造城市文化形象和提高公众文化生活水平上来，为中华文化复兴注入时代的内容。

每个城市如果真正深入地研究自己的传统文化和地域文化，总结其历史经验，抓住当前发展的有利条件和契机，创造性地制定文化发展战略，集中地调动多方面的积极因素，充分发挥文化资源优势，则城市发展必将大有可为。如何处理好城市建设与城市文化遗产保护之间的关系，更成为考验当代城市建设决策者文化智慧与文化远见的一大课题。

全球化进程中文化冲突和文化融合并行发生。全球化有其积极的意义，也有负面的影响。从积极的意义来说，随着科学技术的发展、交通传媒的进步，全球经济一体化的到来，无疑可以促进全球之间交流，给地域文化发展以新的内容、新的启示、新的机遇，同时也对世界文化发展有所贡献；但是另一方面，经济的全球化逐渐掩盖着各地不同文化的差异，甚至还不可避免地带来局部的文化冲突。国际建协《北京宪章》指出：“在21世纪里,变化的进程将会更快,也更加难以捉摸。”对于我国来讲，20世纪无疑是一个走出物质贫困的时代，21世纪应该是一个走入文化复兴的时代。我们有

① 吴良镛：《论中国建筑文化研究与创造的历史任务》，载《城市规划》，2003（1），13页。

必要也有足够的信心重新审视我国文化的意义和价值，塑造我国的文化身份，树立健全的文化形象。现在整个中国向现代化迈进，面临着社会经济的巨大变革，新与旧的交替，东西方文化的交融和碰撞；旧的秩序和价值观念在解体，新的在酝酿，一切都是如此地急剧。我国正处在一个十分特殊的社会发展时期，城市建设和人们生活同时面临着物质与文化的碰撞和发展。因此，唤起全民族追求城市文化精神应是我们的责任和使命。

（二）“城市世纪”的到来与“文化城市”的提出

如果说20世纪的人类文明凸现的主要是以工业革命和科技革命为标志的工业社会、后工业社会的文明，那么，21世纪的人类文明主要是城市文明。2010年世界人口的60%将居住于城市。随着大城市的发展，“全球城市”“城市地区”“网络城市”将崛起。在快速发展的城市化进程中，城市文化问题已经成为世界研究的专题，2004年9月在巴塞罗那联合国人居署召开的“世界城市论坛”，其主题是：“城市：文化的十字路口，包容性还是整体性？”会议讨论内容包括城市文化、城市现实、城市文艺复兴、城市治理、城市贫穷、城市资源、城市可持续发展、城市服务、城市疾病等，都是城市的热门话题与研究动向。21世纪被称为城市世纪，它将证明且被证明着；人类注定是一种城市化的生物。城市从来就没有停止变化，城市从来就不是静止的，这种变化也永远不会完结，这种动态的过程将永远根据新的情况进行调整与被调整①。特别在当前经济全球化的形势下，“文化危机”的现实的确存在，任何一个国家都不能自居于“弱势文化”，要想立足于世界民族之林，就不但要考

① 吴晨：《“城市复兴”理论辨析》，载《中国建设报》，2006-05-26（7）。

察西方城市发展历史，借鉴发达国家城市文化复兴的研究成果，并对本国的城市文化发展战略做出借鉴回应；而且要对本国的传统文化进行发掘、研究、光大，包括与现代化相适应的优秀的城市文化内涵，进行融贯的综合研究。

1998年11月4日，联合国教科文组织在巴黎总部首次发表《世界文化报告》。报告预测了第三个千年中城市发展的几种倾向。第一，全球将进一步城市化，估计在21世纪的第一个10年，将有超过世界1/2的人口住在城市。第二，城市化和全球化的相互作用将加强。第三，未来的城市将把权力和责任继续转移给地方当局和市民社会。在此大背景下，一个国家和地区的现代化，在很大程度上将成为一个以城市现代化为中心展开的历史过程。而新的文化城市的崛起，将是这一历史过程中引人入胜的篇章。

目前，一些世界级城市的政府愈来愈重视文化在促进发展方面的特殊作用，纷纷从城市未来发展角度提出了一系列增强文化竞争力的新的要求和目标。最为典型的就是伦敦。伦敦作为现今发达程度最高的世界城市的代表之一，在文化方面采取了一系列重大举措。“2003年伦敦市长发表‘城市文化战略’的演讲，旨在维护和增强伦敦作为‘世界卓越的、创意的文化中心’，成为‘世界级的文化城市’，并投入巨资兴建新的文化设施”[①]。伦敦的“文化城市”目标具体体现在4个方面：一是卓越性，增强伦敦作为世界一流文化城市的地位；二是创建性，把创建作为推动伦敦成功的核心；三是途径，确保所有的伦敦人都有机会参与到城市文化之中；四是效益，确保伦敦从它的文化资源中获得最大的利益。很明显，

---

① 吴良镛：《总结历史，力解困境，再创辉煌——纵论北京历史名城保护与发展》，见《部级领导干部历史文化讲座》，349页，北京，北京图书馆出版社，2005。

在伦敦市政府的目标中，一个世界级城市不仅在经济上是世界的中心之一，有极强的影响力和辐射力，同样在文化方面也应该是世界的中心之一[①]。英国曼彻斯特市也在其文化产业战略咨询报告中，提出“文化变成了城市发展战略的轴心，经济、社会、技术和教育的战略都将越来越维系于这个文化轴心”的理念。

从20世纪末开始，全球对于经济、社会的发展经历了一个广泛而深刻的反思，在提出可持续发展理念，着重解决经济发展、环境保护和资源可持续利用等问题的同时，人们把目光从经济领域拓展到涉及人类生存发展的更为广阔的空间，把人类与自然的关系作为一个大课题来加以研究，在此过程中，人们不约而同地把关注的目光投向了文化。以提出“竞争优势”理论而闻名于世的哈佛商学院迈克尔·波特教授说过：基于文化的优势是最根本的、最难替代和模仿的、最持久的和最核心的竞争优势。美国著名管理学家德鲁克先生也指出：今天真正占主导地位的资源以及绝对具有决定意义的生产要素，既不是资本，也不是土地和劳动，而是文化[②]。

面对城市化的加速进程，我国制定了实现第三步走的战略目标，2010年实现国民生产总值比2000年翻一番，2050年时，人均国民生产总值达到中等发达国家水平，人民生活比较富裕，基本实现现代化。在快速发展的城市化进程中，要动态而全方位思考人居环境建设问题，积极寻找有效解决之道。在我国，城市文化的问题，也已经在城市政治、经济之后日益成为社会所关注的重大问题。人们认识到，今天对待城市文化的观念和方式，决定了

① 杨荣斌，陈超：《从四城市看城市文化发展取向与城市定位》，载《中国文化报》，2005-08-30（4）。
② 孙家正：《深化文化体制改革 加快文化产业发展》，在全国文化系统文化产业工作现场会上的讲话，2006年5月29日。

我们走向未来的步伐。由此有人断言，文化定位是一个城市发展的终极定位。所以，城市“文化定位”研究，正在成为越来越多的城市关注的课题。广东省提出建设“文化大省”的战略目标。深圳市正式确定实施“文化立市”战略，以期成为城市发展的重要战略支撑。以城市文化指导城市的定位与规划，将从城市的基因方面确保城市的个性和魅力，而不会使未来的城市面目皆非。为此，在城市建设中我们应该鲜明地提出“文化城市”主题,注重城市人文生态的平衡和发展，在发展特色城市、魅力城市上下工夫，以突出城市综合竞争力中的文化竞争力，校正当前城市建设中忽视文化的弊端。最近，武汉市鲜明地提出城市环境创新要面向世界，张扬城市个性，突出文化底蕴，营造新的城市亮点，建成“文化武汉”。这是越来越多的城市在21世纪的选择。

（三）从“功能城市”走向“文化城市”

在全球化和城市化的浪潮下，城市能不能保持独具的城市文化特色、发扬城市优秀文化传统，实现城市新的文化理想，这是一个艰难的行程，也是一片广阔的天地。吴良镛教授指出：“当前，城市规划工作在发达国家一度处于一种低潮，如美国早已宣告其新城失败，并认识到英国新城运动并非是解决城市问题的万应道路，种种城市问题未得到缓解。”“科学如此进步，生产力在发展，它们都在揭示伟大的思想终会诞生。科学的方法论、学科的哲学、思想会给我们以启示，我们要从当前的甚为复杂的城市问题中寻找方向，我们要为一个新的规划思想而呐喊。”[①]在我国大部分城市都开始以“千城一面”的姿态呈现在世人面前的时候，每一个城市既面临城市大规模的建设，又面临异常集中复杂

① 吴良镛：《人居环境科学导论》，19页，北京，中国建筑工业出版社，2001。

而又棘手的问题，客观上要求城市决策者都应认真冷静的思考，慎重面对城市未来的选择。当前是关键时刻。是努力建设具有伟大理想和抱负的文化城市，还是继续滑向毫无特色和生气的平庸城市。这一重大决策举足轻重，对未来城市的社会走向、民生质量、文化传承以及可持续发展都将意义深远。今天决策正确则可以在今后数十年内面对城市化加速进程而立于不败之地，甚至可以奠定今后百年甚至更长时间的城市繁荣的基础。反之，则可能因为决策失误而付出长期的甚为巨大的代价。“对于量大面广的城市化建设，如果我们较为自觉地把它看成一种文化建设，那么结果就可能成为人类文明的伟大创造；相反，如果失去文化的追求，则可能导致‘大建设、大破坏’。在此意义上说，今天的城市文化建设直接关系中国的未来”[①]。

历史深层的运动，决定着世界文化城市在地球的哪些节点上出现。这“历史深层的运动”，便是文化的运动。“城市最终的任务是促进人们自觉地参加宇宙和历史的进程。城市，通过它自身复杂和持久的结构，城市大大地扩大了人们解释这些进程的能力并积极参加来发展这些进程，以便城市舞台上上演的每台戏剧，都具有最高程度的思想上的光辉，明确的目标和爱的色彩。通过感情上的交流，理性上的传递和技术上的精通熟练，尤其是，通过激动人心的表演，从而扩大生活的各个方面的范围，这一直是历史上城市的最高责职。它将成为城市连续存在的主要理由。”[②]L.芒福德指出：“我们已经面临了最坏的情况，我们最后终于能了解历史性大都市

① 武廷海，鹿勤，卜华：《全球化时代苏州城市发展的文化思考》，载《城市规划》，2003（8），63页。

② 刘易斯·芒福德：《城市发展史——起源、演变和前景》，586页，宋俊岭，倪文彦，译，北京，中国建筑工业出版社，2005。

的积极的功能作用，不是作为国家或帝国的经济中心，而是更重要的潜在作用，就是作为世界的中心。”[①]

世界上越来越多的人开始认识到中国的发展，这是不以任何人的意识为转移的，是谁也阻挡不了的。中国文化应当更主动走向世界，我们现在对世界的了解虽然还很不够，但是世界对我们的了解更少、更肤浅。牛津大学教授R.道森（R.Dawson）在1967年出版的名著《中国变色龙：对于欧洲中国文明观的分析》一书中，详尽而具体地介绍了西方对中国的种种看法，并总结说："在西方人眼中，中国的形象似乎在两个极端间变化：或者是理想的王国，或者是停滞与落后的象征。中国时而被描绘为富裕的、先进的、聪明的、美好的、强大的和诚实的，时而被描绘为贫穷的、落后的、愚蠢的、丑陋的、脆弱的和狡诈的。”[②]“世界需要一个繁荣的中国，更需要一个比古文明更加文明的现代中国。”[③]我们的文化虽然不是人类共有的，却是人类共享的。我们保护自己文明的同时，也在为人类保护一份巨大而珍贵的、不可替代的财富。

当年张謇先生高瞻远瞩地说道："一个人办一县事，要有一省的眼光，办一省事，要有一国的眼光，办一国事，要有世界的眼光。”“今日我国处于列强竞争之时代，无论何种政策，皆需有观察世界之眼光、旗鼓相当之手段，然后得与于竞争之会。”在20世纪之初的年代里能有这样高瞻远瞩的眼光，实为难得。“任何人都是历史的人，都有时代的局限性，张謇也不例外，它属于那个历史时代，有他特殊的经历，但他能在那是新与旧、中

① 刘易斯·芒福德：《城市发展史——起源、演变和前景》，572页，宋俊岭，倪文彦，译，北京，中国建筑工业出版社，2005。
② R.道森：《中国变色龙——欧洲中国文明观之分析》，8页，常绍民，明毅，译，北京，北京时事出版社，1999。
③ 冯骥才：《文化遗产日的意义》，部级领导干部历史文化讲座，2006年6月4日。

与西、保守与前进的撞击中摆脱出来，创造性地走自己的道路，在家乡建设起‘新世界的雏形’，而且成功了，被誉为是‘中国一个理想的文化城市’，这非常了不起。”①

未来始于足下，今天从历史中走来,我们回首过去，立足现在，面向未来，以期在21世纪里能更自觉地营建美好、宜人的人类家园。从张謇先生在南通建设“中国近代第一城”，并被誉为“中国一个理想的文化城市”至今，已经经历了100年关于文化城市的实践；从1933年关于“功能城市”的《雅典宪章》提出，到2003年伦敦市“文化城市”的定位，也已经经历了70年关于文化城市的探索。在实践中人们认识到，城市不仅具有功能，更应该拥有文化。文化是城市功能的最高价值，文化也是城市功能的最终价值。城市化进程不应仅仅是一个量的指标，更应该是一个质的飞跃。从“功能城市”走向“文化城市”，就是这种质的飞跃的核心理念与理论概括。可以断言21世纪的成功城市，必将是文化城市。

北京正阳门（2011年4月29日）

① 吴良镛：《张謇与南通“中国近代第一城”》，载《城市规划》，2003（7），10页。

在首都规划建设委员会第 28 次全体会议上的发言

（2008 年 1 月 11 日）

一、关于北京旧城保护与四合院修缮工作情况

北京旧城保护与四合院修缮工作按照《北京城市总体规划》的要求，取得了新的进展。2007年12月12日，应北京市规划委员会的邀请，我和几位专家实地考察了由市财政出资新修缮的几处四合院，感觉实施效果较好，应该长期加以坚持。

我认为，这次对四合院的保护修缮工作，一是采取了现实可行的改善居民生活、逐步疏散居民的措施，并且注意根据四合院院落和当地居民的不同情况进行区别对待，做到从实际出发。二是改善了居民的生活条件，体现了政府对居民的关怀和以人为本的执政理念。三是加强保护修缮工作，保持传统民居的健康状态。应该说，此次四合院的保护修缮卓有成效，得到了有关专家的一致肯定和当地居民的积极评价，为今后的保护修缮工作积累了宝贵的经验，为传统四合院保护展现出令人鼓舞的前景。

保护北京传统四合院是保持北京历史文化名城特色和历史风貌的重要内容，也是贯彻落实《北京城市总体规划》的重要措施。同时，从北京历史城区整体保护的长远发展来看，建议积极考虑将北京胡同四合院申报世界文化遗产。北京胡同四合院具有

成为世界文化遗产的突出的普遍价值，这一点毫无问题，关键是我们所持有的保护理念是否正确。北京胡同四合院成为世界文化遗产，将使保护工作更加得到重视，将使北京旧城成为世界上最美丽的历史中心。

二、关于北京市轨道交通建设进展情况

在北京旧城内建设轨道交通设施，涉及文物保护的诸多内容，问题相对复杂，存在争议较大，需要进一步论证。其中地铁六号线、八号线二期沿线，经过北京旧城和历代帝王庙、故宫筒子河、北海等多处重要的文物保护单位。国家文物局于11月22日、11月23日召开有古建筑、考古、振动、地质等多学科权威专家参加的专家论证会，对地铁六号线、八号线二期涉及的文物保护问题进行了论证，并形成了审核意见。国家文物局已将专家论证会审核意见转给北京市文物局，请北京市文物局组织有关单位对地铁涉及文物保护方案进行调整、完善并核准实施。12月12日下午，北京市陈刚副市长在听取有关专家意见时，也表示下一步要开展技术攻关，深化完善设计。国家文物局认为，应当充分重视地铁六号线、八号线二期所涉及的文物保护工作，通过深入科学研究，解决相关的保护技术问题，确保沿线文物和地下文物遗存的安全，同时保障地铁建设的顺利进行，改善北京交通状况，方便广大民众日常出行。

三、关于《北京市文物建筑修缮保护利用中长期规划（2008—2015年）》

北京市从2000年起，先后实施了三年“3.3亿文物保护计划”

和五年“人文奥运文物保护计划”，较大地改善了北京地区文化遗产的保护状况，受到了有关专家和社会各界的高度评价。制定实施《北京市文物建筑修缮保护利用中长期规划（2008—2015年）》，可以使更多的文物建筑得到及时的抢救保护，对保护古都北京的文化资源和历史风貌，具有十分重要的意义。对此项工作，提出具体建议如下：一是作为中长期规划，可以考虑适当吸收正在开展的第三次全国文物普查的工作成果，扩大规划修缮的文物建筑类别和范围，例如对工业遗产、老字号遗产、近现代优秀建筑遗产等，从中选择一些代表性的文物建筑进行修缮保护试点，摸索保护经验。二是根据国务院批准的长城保护总体方案，国家文物局正在开展长城资源调查，目前明长城调查工作已经过半，预计2009年年底将全部结束明长城调查。长城保护维修工作已在山海关等地启动，建议北京市进一步加强长城的保护维修和管理工作。三是加快推进大运河保护工作。京杭大运河已被列入第六批全国重点文物保护单位。北京通州境内的大运河是大运河北端起首段，全长212千米。沿线保存有十分丰富的文物遗存，包括宫殿、驿站、钞关、寺庙、桥梁、码头、船闸等，对研究首都北京的城市建设、水利设施以及古代军事、政治、经济、交通、科学、社会文化等多方面演变发展，都具有重大价值。目前，社会各界关于加强大运河保护和申报世界文化遗产的呼声很高，全国政协已经多次组织对大运河的专题调研，国家文物局也在积极开展大运河申报世界文化遗产的准备工作。大运河河闸已被列入此项保护修缮规划，建议充分考虑大运河保护和申报世界文化遗产工作需要，加快大运河北京段有关文物建筑和遗址的保护维修工作。

关于积极稳妥开展“文化遗产之都”活动的提案[1]

（2008 年 3 月）

“文化遗产之都”活动即将在我国举办，活动将由文化部、国家文物局和省级人民政府联合主办，在地级以上城市开展，内容涉及物质和非物质文化遗产的科学保护、展览展演、宣传咨询、学术论坛等方面。

文化遗产资源是一个城市最为宝贵、最为独特的文化优势，开展“文化遗产之都”活动，能够为城市发展注入新的活力，在提高各级政府和社会公众重视文化建设、保护文化遗产的意识，促进各民族、各地区文化多样性，增强中华文化凝聚力等方面发挥积极作用，同时也是保障和实现人民群众基本文化权益的重要方式，应积极稳妥地做好有关组织工作。

在这方面，已盛行多年的“欧洲文化之都”“美洲文化之都”“阿拉伯文化之都”“非洲文化之都”等类似活动的国际成功经验可供借鉴。例如，在过去的20年里，“欧洲文化之都”已经成为欧盟最成功和最受欢迎的一项活动。活动有着严格、透明、竞争性强的申办、选拔、筹备程序，评选标准明确。欧盟鼓励成

① 此文为在全国政协十一届一次会议上的提案，联名提案人：刘庆柱 张柏 吕章申 高延青 王川平 安家瑶 詹祥生 张廷皓 苏士澍 余辉 张和平 耿其昌 杨力舟 赵维绥 张平 郑欣淼 周岚 张桃林 王瑞珠 胡珍 韦建桦 李羚 王霞 杨一奔 薛康 林国文 刘志强 周和平 韩方明 王明明 何家英 龙瑞 杜玉波 陈国星 崔建华 边发吉 李晓林 吴晓青 张俊芳 张学津。

员国组织申报城市进行全国性竞选。争当“欧洲文化之都”的城市竞选激烈，每个城市都制定了周密的竞选方案，以使他们能够把自己城市最辉煌的一面和举办活动的决心和能力展示出来。竞选的时间也比较长，如英国于2000年至2003年通过两轮竞选，从12个城市中推选出利物浦为候选城市上报欧盟。欧盟理事会于2004年5月批准利物浦和挪威斯塔万格市分别为2007年和2008年的“欧洲文化之都”。可见“欧洲文化之都”这一桂冠的摘取要付出艰辛的努力，申报过程本身也是城市文化发掘和展示，提升城市文化建设水平的过程。

从活动内容上看，在享受“欧洲文化之都”称号的一年中，活动主办城市不仅要根据申办计划展示本市、本地区具有象征性的文化成果、文化遗产保护的进展和文化领域的创新，吸引欧盟其他成员国的艺术家、表演家到该市表演和展出，而且也利用文化之都活动之际，增加和完善城市的文化设施，加强对城市历史遗迹、城市传统建筑的保护，提高市民的文化生活质量。例如2003年奥地利的格拉茨，在担任“欧洲文化之都”的整整一年中，举办了108个项目；2004年“欧洲文化之都”法国里尔，举办了900个活动项目，为向游客展示自己的辉煌，使城市更具魅力，修缮了一批经长期日晒雨淋和工业化时代污染的文物古迹；2006年“欧洲文化之都”帕特雷，在筹备活动的过程中，修缮了许多19世纪建造的新古典主义建筑。2007年“欧洲文化之都”利物浦，推出350多项文化活动，其盛大的开幕式吸引了世界各地的记者前来报道，全球有 2 亿到 3 亿电视观众收看了转播。

借鉴世界各国成熟经验，结合我国实际情况，为了推动“文化遗产之都”活动扎实有效地开展，提出建议如下。

（1）建立健全申办和评审制度。研究制定专门的活动章程并对社会公布，设立权威的评审委员会，明确具有操作性、指导性的评选标准，通过考察评估、申办陈述、投票表决、公开揭晓等严格、公开、透明的程序确定主办城市。在选拔环节的设置上要努力突出竞争性和公众参与性，要通过申办工作充分调动主办城市政府和市民的积极性，激发社会公众的城市归属感、文化荣誉感和做好“文化遗产之都”活动的热情。

（2）精心策划活动形式和内容。对于主办城市来说，“文化遗产之都”活动应贯穿全年并适时掀起高潮。在项目构成上，既要展示当地文化特色和文化遗产资源，又要具备更加广阔的视野，促进全国范围内的文化交流和文化遗产保护；既要保证以公益性文化活动为重点，又要鼓励引入市场机制，增强活动的生命

奥地利格拉茨城历史中心（2005年5月11日）

力；既要积极开展公众喜闻乐见、积极参与的展览、展演活动形式，又要力争在推动主办城市开展公共文化设施建设和文化遗产保护方面取得实效，避免形式主义和资源浪费。

（3）要充分发挥文化遗产在“文化遗产之都”活动的核心作用。文化遗产地和博物馆、纪念馆是公共文化服务体系的重要组成部分，是保护、收藏人类文化的殿堂，具有经典性、纪念性和永久性的特征，往往作为城市的文化坐标和文明形象而存在。通过在文化遗产地和博物馆、纪念馆开展各类文化活动，推动公众认知物质与非物质文化遗产，参与文化遗产保护，发挥文化遗产在延续城市历史记忆、构建城市文化特色中的资源优势，激发公众对所居住城市的自豪感、归属感，建设中华民族共有的精神家园。

德国慕尼黑鸟瞰（2006年3月19日）

在《南京历史文化名城保护规划》专家咨询会上的讲话

（2008 年 3 月 29 日 · 江苏南京）

今天有幸能够参加这次研讨会，特别是听了各位专家的发言，很有收获。作为国家历史文化名城，在先后编制了三次历史文化名城保护规划的基础上，再次开展深入调查研究，开始制定新的一轮历史文化名城保护规划，这在国内众多历史文化名城中绝无仅有。特别是这次历史文化名城保护规划修编，再次开展了南京历史文化资源调查，并在此基础上进行详细分析，因此使规划内容更为厚重、丰富。这次历史文化名城保护规划由城市规划部门与东南大学建筑学院共同编制，充分发挥各方面的优势，采用“多学科合作、多角色参加、全社会参与、新技术支撑”的工作方法，也是成功的经验。下面有几点具体的建议，仅供参考。

一、关于地下文化遗产的保护

早上来到会场，我就看到蒋赞初先生和潘谷西先生的一封来信，谈到将在今年6月召开一次关于六朝建康都城的学术研讨会。两位先生特别提出：“因城市建设速度的迅猛发展，已发现的遗迹大多又随即平毁。所以，如何及时评估这批遗迹的历史文化价值并探讨其四至范围，以提供给南京名城规划及国内学术界参考，已成为当务之急。”我认为两位先生提出的是南京历史文化名城保护的一个十分关键的问题。

昨天我参加了江宁织造府博物馆的工程协调会，无疑这是南京文化城市建设的重要工程。两年前，我在参加工程开工典礼时，曾经呼吁在工程建设中，特别是建筑基础部分施工时，要注意地下文化遗存的发掘和保护。因为我们知道，就在这项工程的隔壁，南京图书馆在建设时，曾发现了重要的地下文化遗存，由于事前考古调查不够充分，因此一度造成被动局面。一步之遥，江宁织造府博物馆工地可能有重要发现，对博物馆文化也将有所丰富。但是，目前建筑已经封顶，当问到考古发现成果时，工程建设单位说没有什么发现，只发现了几块不大的太湖石。对此我感到有些失望，说心里话，对是否真的没有地下文化遗存也不大放心：一方面，这一建设地点是江宁织造府的旧址，只有几块太湖石有些令人不解；另一方面，考古工作专业性较强，施工单位是否掌握相应的专业知识和判断水平？由此感到两位先生所提出的加强地下文化遗产保护问题的重要性和紧迫性。

对于南京这样一座历史悠久的古都，具有“城摞城”的发展历程，地下文化遗存无疑异常丰富，它们往往在过去的城市建设中很少被人为扰动，静静地沉睡在相应的文化地层，因此是城市历史最真实、最确凿的实证。但是今天的情况不同了，大规模的城市建设涉及城市的各个角落，地下铁道、地下停车场、下沉式广场和高层建筑的数层地下室等大型地下设施的建设，更是直接对深层遗存造成威胁。北京市最近在论证建设穿过皇城的地铁建设方案时，专家们提出了保护地下文化遗存的意见，使原方案考虑进行调整。因此，建议将地下文化遗产保护作为《南京历史文化名城保护规划》的重要内容，继续完善地下文物保护区的划定，开展地下文物资源调查，制定专项保护规划，使地下文化遗产得到切实保护。

二、关于20世纪遗产保护

近年来，国际文化遗产保护领域将20世纪遗产保护作为一项全球战略加以推动。人们越来越认识到近代遗产、现代遗产和当代遗产都是人类共同遗产中不可忽视的组成部分。而20世纪遗产直观反映了人类社会变迁中最剧烈、最迅速的历史发展进程。20世纪遗产的保护可以使人类历史发展的链条更加完整，为子孙后代留下更加丰富的文化财富。20世纪遗产，同较早的古代遗产相比，并不存在本质上的区别，同样都是具有代表性的人类文明的产物，同样都具有历史、科学、文化、社会、精神等方面的重要意义，所不同的是它们未经历漫长岁月的洗礼，更为年轻，更为当代人所熟悉和了解，因而也缺少了一份沧桑和几分神秘。同时，对于20世纪遗产的判定，不能完全套用古代遗产的标准。对于相当部分的20世纪遗产来说，生命历程尚未终结，发展状况尚未成熟，突出价值尚未充分彰显，其文化内涵和象征意义往往仍在塑造过程当中。因此，需要通过开展保护实践，并对已有案例进行分析，界定20世纪遗产的突出和普遍价值，探索和提炼科学的保护理论和方法。今天，20世纪遗产保护的最大障碍在于人们往往因20世纪刚刚离开我们而不认为这一时代的遗存应该加以保护，使20世纪遗产在城市中迅速消失。

南京十朝遗迹，以民国遗迹最为丰富，现存民国建筑千余处，相对保护状况良好。这些民国建筑不但是我国传统建筑向现代建筑转换的实物研究资料，而且也是创造新的民族建筑形式的重要历史见证。作为国民政府的首都，南京的民国建筑具有自己的风格和气魄，其中政治性建筑、公共性建筑相对集中，比较上海、天津、广州等城市的民国建筑，南京民国建筑内容更加丰富，具有参酌古今、兼容中外、融会南北的特点，在全国首屈一指，在世界范围内亦有典型意义，因此应继续加大保护力度。

我认为，在对20世纪遗产进行价值评估时，不能只保护已有研究成果或权威定论的历史事件和历史人物的遗址和遗存，而不注重保护尚待研究或存在争议的历史事件和历史人物的遗址和遗存；不能只保护具有正面经验的历史事件和历史人物的遗址和遗存，而不重视保护具有反面教训的历史事件和历史人物的遗址和遗存；不能只保护革命时期的遗址和遗存，而不重视保护建设时期的遗址和遗存；不能只保护与政治事件和人物有关的遗址和遗存，而不重视保护反映经济、文化、科技、教育等方面发展状况的遗址和遗存。总之，应该更加全面地理解和实施20世纪遗产的保护，视野要宽阔，不能片面地、狭窄地理解20世纪遗产，以免造成大量文化遗存因得不到应有重视和及时保护而损毁或流失。

昨天我们考察了几处20世纪遗产，就具有十分重要的保护价值。其中一处是金陵制造局旧址（晨光厂），在厂区内至今保存有数十座清朝、民国时期的工业厂房和附属设施，这里是我国近代工业的摇篮，在这里诞生了第一批我国的工程技术人员，创造了众多科学技术领先的业绩，因此金陵制造局旧址具有整体保护的价值。另一处是尚未进入保护视野的20世纪遗产，即长江南京港火车轮渡设施遗址。过去人们均由此过江进入南京，1968年南京长江大桥建成通车以后停止使用，至今隐匿在距南京长江大桥不远的江边，鲜为人知。我认为这处遗址联系着南京市民特殊的生活记忆，也是特定时期经济社会发展的历史见证，应加以保护并向市民和旅游者提供展示。

在今天提供的《南京历史文化资源调查一览表》的前言中，强调这次历史文化资源普查“从资源存在时间上突破，从原来建成（存在）50年以上延伸到70年代末，使一批现代标志性建筑如长江大桥等能列入”。我建议思路可以再放开一点。我们国家在确定各级文物保护单位时，仅按照历史、科学、艺术等方面的价值进行判断，并没有明确的时间限制。早在1961年，国务院就将竣工仅3年的人民英雄纪念碑公布为全国重点文物保护单位。郭沫若先生逝世后，国务院也及时将郭沫若故居确定为全国重点文物保护单位。进入21世纪，各个历史文化名城纷纷将保护对象的时间标准后移，例如2002年7月，上海市将列入保护的优秀历史建筑时间标准，由原规定的“1949年以前”，扩展至“建成使用30年以上”的建筑；2005年，成都市将保护近现代建筑的时间截止到1976年，这些无疑是认识上的进步。但是，2005年北京市在对《北京历史文化名城保护条例》进行审议时，去掉了“历史建筑”中的“历史”二字。这一举措在文化遗产保护的理念上，与以往相比出现了重大变化。即强调今后对文物建筑的保护，将主要考虑其本身的价值，而不仅仅凭它的建筑年代。因此，我建议在《南京历史文化名城保护规划》中也不需要明确“延伸到70年代末”。事实上，近年来，国务院已经将大庆第一口油井、红旗渠等现代文化遗产列入全国重点文物保护单位。

三、关于南京世界级历史城市保护

进入新的世纪以来，南京在城市规划建设和历史文化名城保护方面，确定了一系列符合南京实际的目标、原则和思路。例如2001年提出“文化南京”的城市发展目标，确立“保老城、建新城”“一疏散三集中”的建设思路，“一城三区”的城市发展战略、“找出来、保下来、亮出来、用起来、串起来”的保护思路等，在这次《南京历史文化名城保护规划》中坚持了这些目标、原则和思路，具有鲜明的特点。

同时，南京市提出“具有国际影响力的历史文化名城”“国际性历史文化名城”“世界级历史城市”等城市文化定位的新概念，这些提法究竟如何，可以多听取各方面专家的意见，可能不需要这么多的提法，但是这些概念的提出，也反映出南京搞好历史文化名城保护的决心和魄力。我认为，南京城墙、南京民国建筑群、中山陵等，都是世界文化遗产的后备资源，表明南京作为世界遗产城市的后发优势。但是其前提都是要加强对南京历史文化名城的整体保护，无论是单体文物的保护，还是历史文化街区的保护都不能取代南京历史文化名城的整体保护，整体保护南京历史文化名城，需要有高瞻远瞩的保护思路和气势磅礴的保护规划。

同时，在这次《南京历史文化名城保护规划》中提出了历史文化空间的保护问题。“文化空间”在国际社会首先应用于非物质文化遗产保护，实际上“文化空间”包括弥漫在城市中的文化氛围、城市民众的文化素质。因此我非常赞成周干峙先生刚才谈到的观点，《南京历史文化名城保护规划》也应该包括城市文化建设、城市精神塑造和城市文化理想等方面的内容。不能仅仅是一个物质实体的保护规划，而且应该同时是一个高瞻远瞩的文化发展规划。

关于对泰州市城市总体规划专家咨询报告的意见

（2008年8月30日）

历史悠久、风光秀丽的泰州，是一部博大精深的百科全书，很难在短暂的一天半天读懂。因此，不一定能提出有价值的意见和建议。但是，通过昨天以来的考察，对于泰州留下了深刻的印象。

首先，我们看到泰州市近几年来，在努力促进经济、文化、社会、环境和谐发展的同时，加强城市文化建设、关注文化遗产保护、注意发掘城市特色，不断取得新的进步。昨天晚上，我阅读了《泰州市城市总体规划（2008—2030）专家咨询报告》，看到泰州2007年经济增长幅度达15.7%，表明经济发展步入高速增长轨道；通过产业结构的调整，实现了三次产业结构比例为：8.5：58.3：33.2，逐渐趋于理想结构；人均地区生产总值达到26093元，进入人均国内生产总值3000美元以上的加速发展阶段；城镇居民人均可支配收入达到14940元，年均增长13.35%，农民人均纯收入达到6469元，年均增长10.2%，这样的增长速度的取得实属不易。同时，近年来泰州市的交通基础设施建设发展速度加快，国际化水平和开放度不断提升。

编制城市总体规划，新中国成立以来有了一套系统的方法，形成了一些惯例。例如首先要明确规划实施年限，其次经过深入研究，要明确城市性质、城市规模、城市布局，被称为“三大件”。城市总体规划的内容包括一系列条条块块的内容，城市总体规划编制完成之后，还要继续编制分区规划、详细规划等。这样的规划方法应用了几十年，形成了一套规范的做法。但是，自20世纪90年代末，我国进入城市化加速进程，形成了超常规的发展。于是在计划经济体制下形成的规划编制方式、方法开始出现了不适应，例如编制时间过长、审批时间过长，对于规划中期的发展状况难以预测等问题。

2030年，如果发展顺利的话，我们国家的城市化率将可能达到70%以上，长三角地区的人均国内生产总值可能将超过7000美元，那将是一个与今日不能同日而语的天地，在交通、能源、产业结构等方面的发展状况难以预测，对于那时经济、政治、文化、社会、环境各方面的相互促进关系，有待我们随着实践加以探索。但是规划年限对于城市总体规划的定位非同小可，它涉及城市建设特别是基础设施的标准。因此要根据不同的经济社会发展进程，制定不同的规划发展目标。

一、关于城市性质

近些年，出现两种倾向，一是盲目拔高，动辄“国际化大都市”；二是过于宽泛，除区域经济、文化之外，还包括各种功能中心的名称，生怕有所遗漏，结果看不出自身的特色。

泰州位于长三角核心区，不可能“独善其身”，既要融入城市体系之中，又要突出自身特色。实现区域经济协调发展，既是国家的发展战略，也是大多数城市发展的客观要求。特别是历史性城市通过实践区域规划，可以缓解在城市性质、规模、布局方面过于集中的压力，通过整合资源、提升质量，在继续加快发展的同时，更好地适应经济全球化、区域经济一体化的趋势。

近年来杭州、成都等一些城市明确了鲜明的城市性质定位，值得借鉴。泰州是一座具有2100多年历史的文化城市，今天泰州生态环境质量评价指数在全省13个地市中名列第一。我认为生态环境和人文特色是泰州的宝贵资源，历史文化名城、“生态城市”，应在城市性质的定位中予以优先考虑。昨天市领导提出泰州争取申报国家历史文化名城，通过初步的考察，我认为泰州在文化遗产资源方面具有很大的潜力，应该继续深入挖掘。

二、关于城市规模

泰州中心城市人口规模已由1996年建市时的24万，发展到70万。城市化水平为47.6%，正处于加速发展阶段。城市建设用地面积，已由建市时的21.8平方千米，发展到84.8平方千米，均是前所未有的速度。因此，在城市人口规模和发展用地规模方面，必须有前瞻性的思考。

三、关于城市布局

面对城市化迅猛发展之势，城市布局应避免沿用单一中心的规划布局和传统城市扩张模式，避免城市中心区功能过分聚集。不但要防止城市扩展呈现“摊大饼”趋势，也要总结过去一些城市采取过于理想化的“分散集团式”的城市布局结构模式和“环形加放射”的城市路网格局的利弊，要更多注意城市之间“磁力”与“反磁力”的相互作用，要把城市发展方向与城市对外交通发展相衔接，特别是高速公路、高速铁路、城际轨道、新建机场等的建设，对于城市发展方向意义重大，要在长三角形成“多中心、网络化、巨型城市连绵区”的过程中，找准自身的定位，使城市发展及时抓住发展机遇，获得更大的发展空间。

泰州应实行“保护旧城、建设新城”的战略布局调整。泰州旧城界限清晰，面积不大，未来占城市建设用地的比例越来越少，应加快旧城内人口、产业，包括规模较大的单位、医院、学校、市场的疏散，实现保护与发展互不相扰，各得其所。

新城也要避免大广场、大绿地、景观大道、“四菜一汤”式的政府办公楼配套文化设施的建设模式，适当集约利用土地，注意人与环境的和谐尺度，增加就业岗位和生活服务设施的水平，增加吸引力。

四、关于城市特色

在全球化的加速进程中，城市的面貌和生活方式从来没有像今天这么“同质化”和“趋同化”，在世界范围内城市正在面临着“特色危机”。只有具有独特的城市个性，才会拥有独特的城市魅力。任何一个城市的文化特色，都不是凭空创造的，而是经历了漫长的岁月逐步发展而成的，城市的发展离不开传统文化的承袭。城市文化特色，来源于城市的文化资源和历史底蕴，来源于城市的地理环境与人文环境，来源于市民的精神风貌和道德风尚。

泰州具有悠久历史，具有鲜明的文化特征，应深入挖掘。文化特色是一个城市让人们留下最深刻印象的原因，是城市文化的魅力所在，也是城市文化的生命力所在。有灵魂的生命力才具有活力，有文化特色的城市才具有灵魂。

无论是“生态城市”还是历史文化名城，都适宜采取“先底后图”的规划方法，对于城市用地分为禁建、限建、适建、已建等区域。

五、关于历史文化名城保护

近年来，江苏的历史文化名城保护取得了一些成功的经验，例如苏州在“保护老城、建设新区”方面的经验；扬州在控制瘦西湖周边文化环境方面的经验，无锡在保护乡土建筑和工业遗产方面的经验；南通加强博物馆建设形成整体效应方面的经验等。

泰州旧城的保护要坚定信心，“永远不能言败”，要保持原有城市肌理、道路尺度和天际轮廓线。旧城内应停止新的高层建筑物和大体量建筑群的建设，争取多做减法，不做加法。要努力创造条件申报国家历史文化名城。

六、关于历史文化街区保护

我们考察了“五巷”历史文化街区和城中历史文化街区。这些地区是泰州地域文化、传统文化之根，不可小视，应妥为保护。在中国人的传统理念中，家又称为“家庭”，人们的生活中需要一个可以与自然沟通对话的庭院空间。因此对传统民居院落的保护就成为对植根于炎黄子孙心灵深处的“家庭”和人伦天理的保护，对民族文化和社会文明的维系。一座座传统民居院落相依形成一条条历史街巷，一条条历史街巷相连又构成一片片历史街区，从而形成既秩序井然又气象万千的历史城区风貌。

传统民居院落具有强盛的生命力，经过历史的长期演变，成为最适合当地自然和人文环境以及家庭特点的居住形式。传统民居院落体系既合理安排了每户居民的室内空间，保障居民日常生活中通风、采光、日照，以及舒适性、安全性、私密性等居住需要；又通过院落形成相对独立的邻里结构，提供居民日常的社交空间，创造和睦相处的居住氛围，体现出人与自然和谐相处的先进哲学思想。

今天很多人都认为这些历史文化街区和传统民居不适合现代人们的生活，实际上这里所说的“不适合”的原因，不在于传统民居院落本身，而在于我们给予了这些传统民居以不公平的待遇，给予它们以太大的压力。要立足于历史文化街区生活基础设施的改善、立足于合理疏解过于密集的居住人口、立足于采取微循环、渐进式的“有机更新”的保护方式。经过不懈的努力，这些历史文化街区一定能够成为当地居民引以为自豪，对外来者具有特殊吸引力的魅力地区。仅仅几年时间，在北京的一些历史街区保护就证明了这一点，在福州“三坊七巷”历史街区的保护整治成果也在逐渐证明这一点。

七、关于文化遗产保护

国际上最新的世界遗产保护理念和研究动向，已将文化遗产作为一个区域的概念，不再沿用“核心区”的概念。说到“遗产”自然指的是遗产（建筑、石窟、墓葬等）及其周边的环境，因此特别重视和强调“缓冲区”的划定和保护。同时，继《维也纳备忘录》之后，进一步重视开展历史城区景观保护的研究，提出了城市“景观”即“广阔的构筑物”的观点，引入了遗产区域的某种特质和与遗产相关的历史延续性这一理念，将文化景观遗产的保护纳入更为重要的保护层面。按照文化遗产新的发展趋势，加强乡土建筑遗产、工业遗产、20世纪遗产等新型文化遗产的保护，重新对全市文化遗产资源进行调查，做好第三次全国文物普查，这些措施对于泰州来说十分重要。

在首都规划建设委员会第30次全体会议上的发言

（2010年1月15日）

听了几项首都规划重点建设情况的报告，很受鼓舞。我们生活的城市越来越美好、越来越宜居、越来越体现出和谐发展。我也汇报两点想法。

第一点想法，北京市加大城乡结合部规划建设，特别是高度关注南部地区的发展，提出“实施南部地区加快发展战略，推进首都在更高起点上的整体可持续发展”的目标，对于北京市整体协调发展十分重要。我曾在北京市西南部地区的房山区担任过区委书记，所以每当听到加快南部地区发展的消息都特别高兴。同时，我也联想起西安市近年来结合文化遗址保护，带动北部地区发展的成功经验。西安市的北部和北京的南部一样，在城市发展格局中相对于城市其他地区比较落后，但是近两年来，西安市依托古代城市遗址，建设3.2平方千米的大明宫国家考古遗址公园，消息传出，北部地区的地价在一年间就由50万一亩，增长到250万一亩，西安市得以对大明宫遗址上面350万平方米的城中村和棚户区建筑实施整体搬迁整治，10万民众改善了生活条件，城市获得了一个接近颐和园面积那么大的、文化气息扑面的大型文化公园，特别是有力带动了整个西安北部地区的面貌，大明宫国家考古遗址公园将在今年正式开园。

实际上，建设考古遗址公园的经验最早是在北京起步的。世纪之交，北京市建设了皇城根遗址公园、明城墙遗址公园、菖蒲河遗址公园、元大都城墙遗址公园，以及后来的圆明园遗址公园。近年来，国家财政设立了大遗址保护专项资金，先后建设了高句丽遗址公园、殷墟遗址公园，相继成功申报世界文化遗产，有力促进了当地经济社会发展，也改变了各个城市对待自己城市遗址的态度，人们认识到原来这些古代遗址，不是城市发展的负担、包袱和绊脚石，而是城市发展的资源、动力和宝贵财富。目前，成都金沙遗址公园、杭州良渚遗址公园、朝阳牛河梁红山遗址公园等重要的大型遗址公园正在建设或已经基本对外开放。

所以，我非常赞成北京市规划委员会在汇报中所提出的"实施文化先导战略，注重挖掘现有文化资源，着重保护文物古迹、整治文物环境、实现合理利用，打造三片文化特色区域"的意见。北京南部地区历史悠久，保留有大量文化遗存，例如，卢沟桥地区、团河行宫地区、三海子公园地区等都是宝贵的文化财富和发展资源。特别是北京南部地区是北京辽、金、元、明、清五朝古都的重要地段，辽、金古都遗址就在北京南部，这些地区也应该通过建设文化遗址公园，成为北京市最有文化气息的地方、对城市环境和民众生活改善贡献最大的地方，使这些文化遗产获得应有的尊严，使这些文化遗产保护成为促进经济社会发展的积极力量，使这些文化遗产保护成果惠及广大民众。

第二点想法，近年来，北京市在城市化进程加速，城市经济社会超常规发展的同时，对文化遗产保护也不断予以加强，特别是近年来，在历史城区的建设中，坚持《北京城市总体规划》所确定的基本原则，对于胡同—四合院保护地区采取有机更新的方式，加强对文物建筑和传统民居的保护和修缮，取得了很好的效果，也赢得了包括文物保护专家的广泛赞同。目前，我在相关会议上都在积极介绍北京保护历史文化保护区的经验。

我赞成北京市建设委员会在汇报中所提出的“要更加注重旧城风貌的整体保护，疏散人口，打造特色街区，提高品位，促进旧城发展”的意见，只是对其中“打造”这个词不大喜欢。北京旧城仅有62平方千米，在北京城市建设用地中的比例越来越小，按照《北京城市总体规划》，城市建设的重点应主要在旧城以外的地区展开。例如世纪之交着力建设的中关村科技园区、CBD商务中心区和奥林匹克公园，而旧城应该从“数量增长”走向“质量提升”，从“功能城市”走向“文化城市”。北京旧城二环路所围合的62平方千米范围内曾经居住了180万人口，随着《北京城市总体规划》的实施，现在北京旧城内居住人口持续下降，目前大约只有130万居住人口，按照规划将来还要下降到100万人以下。

我认为旧城区应该主要定位于三大功能:一是为中央政府领导全国工作服务；二是为市民和来京民众提供高水平的文化和特色商业设施；三是保护享誉世界的文物古迹和历史文化街区，发展文化旅游，这是北京旧城的主要功能和发展方向。为了保证北京旧城功能的有效发挥，避免北京旧城各区在城市建设上的相互竞争，例如人们近年来所议论的，西城区建设“金融街”、东城区就建设“金宝街”，宣武区建设“传媒大道”、崇文区就建设“演艺大道”。因此，是否可以考虑北京二环路以内的旧城区，在行政区划上合并为一个区，减少这个中心地区在城市房屋建设和经济发展指标方面的压力，突出历史城区的核心功能。

维护持续发展演变的城市类文化景观[①]

（2010 年 1 月）

城市类文化景观，往往是经过几个世纪，甚至更长的历史时期发展变迁逐步形成的景观；往往是具有明显地域特征，为广大民众所熟悉的景观；往往是反映文化与自然和谐关系，具有重要美学价值的景观。法国于1983年提出“建筑、城市、风景遗产保护区”的概念，把城市中具有文化特色的历史地区和具有历史意义的自然景观列为保护对象。随后，与城市类文化景观保护有关的实践逐渐在各国展开。城市类文化景观的保护对象，既包括保护被列入各类保护名录的文物古迹单体，也包括具有传统特色、地域特色和民族特色的集合体，及其在功能和视觉方面十分重要的相连部分。正如《马丘比丘宪章》所指出，不应该把城市当作一系列孤立的组成部分拼凑在一起，不应着眼于孤立的建筑，而是追求环境的连续性；每一座建筑不是孤立的，而是连续统一的整体中的一个单元，它需要通过一定的空间结构、网络与整体中的其他单元进行对话，从而使其自身的形象得以完善。因此，每一座历史性城市或城市中的特定区域，都可以作为城市类文化景观的整体，其所辖的历史街区成为基本的构成单元。《维也纳备忘

① 此文发表于《走进文化景观遗产的世界》，天津，天津大学出版社，2010 年 1 月出版。

录》则认为“历史城市景观”因一个区域在相关时期内，通过城市化进程逐渐演变和有计划的发展，而获得其既独特又普遍的意义，它将环境条件与地形条件融合在一起，体现了与社会有关的经济和文化价值观。

自古以来，我国就有大量关于城市建设思想的论述，尤其是《周礼·考工记》，提出了较详细的城市建设技术规章，被认为是古典城市建设中存在的基本规范。根据目前的大量古代城市遗址的考古调查，由于尚无一处战国以前的城市遗址能够明确证明这一建设规范的应用，而使这一基本规范遭到广泛的质疑。实际上，我国历代政治体制、农耕制度、城市功能、文化观念、地理环境和建设方法等，都会对城市空间结构产生不同的影响，因此所形成的城市类文化景观也必然千差万别。但是，《周礼·考工记》作为我国早期城市营建中最完整的思想体系，对汉代以后传统城市礼制风格的发展，尤其是对元大都及以后都城的建设产生了重大影响。同时，我国古代一些重要的文化观念，也对传统城市空间结构的形成和发展具有重要影响。例如“相土”“形胜”是从我国古代文化尊重天地山川环境的传统出发，而逐步形成和发展起来的关于城市选址及其布局的一系列思想和学说。“相土”思想的渊源久远，反映出我国古代城邑营筑上具有审视周围环境在先的重要传统。“形胜”思想也是我国古代城市重要的立地观。《荀子·疆国》曰：“其固塞险，形埶便，山村川谷美，天材之利多，是形胜也”，即将“形胜”环境特征归结为地势险要便利，林水资源充沛，山川优美壮丽等。与“相土”思想相比，“形胜”思想已将其对地理环境的考察，进一步扩大到宏观的山川形势，并强调形与意的契合境界，对我国传统城市的选址和发展有着重要的影响。

在我国古代，若干个相对独立的国家，在其一定的疆域范围内，审地度势，选择建都地点；或者从战争攻防的要求出发，在一定的区域范围内，选择筑城要地，这些都是城市地理学思想的早期实践。商、周都城的定点和迁徙，秦、汉建都地点的选择和考证，都是成功地运用人文地理学思想的杰出例证。唐、宋时期已经出现了不少大城市，城市功能更趋复杂，城市内部规划严谨有序。在城市规划与建设实践的基础上，不少关于城市建设的著作，已经比较系统地描述城市与生态环境、城市与影响范围的联系、城市的社会经济生活、城市区域的山川形胜、城市居民的生活习俗等，其中城市志就是当时人文地理学思想的总汇。从中不难看出，城市不仅是一个地理实体，其发展也是一个历史动态过程。城市历史的继承性，不仅表现在城市形态、城市空间结构特征等方面，也鲜明地反映在城市社会经济发展的许多方面。由于我国大多数历史性城市都有悠久的发展历史，一般都具有严谨的规划格局，独特的建筑风格和地方特色，善于把雄伟俊秀的山川形胜和巧夺天工的人工构筑融为一体，成为“自然与人类联合工程”的典范。因此，对于我国城市类文化景观开展深入挖掘与研究，具有十分突出的历史价值和现实意义。

在古代城市的形成和发展中，文化观念的影响极为广泛而显著，并成为独具特色的基本因素，揭示出历史性城市的哲学与美学价值。例如福州古城，建城于公元前 200 年，晋代选择越王山南小阜建子城，开凿东西二湖；唐末至五代，在子城外环筑罗城，后又筑南北夹城，谓之月城；明代北跨越王山，东、西、南绕九仙、乌石之麓而围之；清代增建水关，引水入城，水流萦回曲折，逐渐形成福州“左鼓右旗、三狮对五虎、三山两塔一条江”的城市与自然地貌完美结合的空间格局。古都南京，自公元229年建都，营造建业城于鸡笼山南，背倚玄武湖，面朝秦淮河，以长江及石头城为藩屏，并开城东渠以通秦淮，四周山丘环抱，河湖萦绕散布，城市与自然地形巧妙结合，表现出因地筑城的高超技法。明代南京城市与自然环境的结合更为突出，城墙与外郭城垣形态，顺应山峦湖泊、水系等地形，蜿蜒于山水之间，在继承我国历代平原城池的方正传统基础上，吸取自然精华，做到人文与自然的完美结合。古都杭州，自公元591年建城以来，先置城垣东临盐桥河，西濒西湖，南达凤凰山，北抵钱塘门；继而东划胥山于城外，西包金山、万松岭于城中；经过历代持续发展，逐渐将西湖及周边山川纳入城市，在西湖区域修堤建桥、设庙布塔，形成“三面云山一面城”的城市文化景观和从城市西望，两山、三塔、三岛、十八桥的西湖美景。

从上述历史性城市的选址建设可以看出，千百年来人们在选择自然地貌进行城市规划建设时，就开始注意与自然的结合，将人居环境建设合理地组织到自然环境之中，为城市未来的发展奠定了良好的物质基础。例如古城苏州东临大海，北倚长江，西面和南面依接太湖和水网地带，使之通过长江可与我国中、西部经济腹地联系，通过海洋可与世界各地交往，这一优越的地理条件使城市数千年久盛不衰。苏州城区地势平坦，既无水患之虞，又具水陆皆便的优势。千百年来，人们在此持续开展城市文化创造。如今苏州古城的文化景观就详细地篆刻在南宋《平江图》碑刻上，水陆并行“双棋盘式”的历史城区，包括城墙、街道、河流、桥梁、官府、寺观、佛塔、园林、书院、商铺、宅第、楼阁、牌坊等等，尽在其中。从碑刻上还可以看出，城内河道有南北向6条，东西向14条，并行的河街上共有桥梁395座，寺观50余座。这座“回”字形的棋盘式历史城区，独具水乡特色的文化景观，如诗如画。由此可见，一个有品质的城市，可以让人诗意地栖居，既有视觉的享受，更有心灵的愉悦；一个宜居的城市应该既有城市的宏伟气魄和壮丽图景，更有居住者与自然的身心契合。这样，城市品质才能得到真正的提升。

在列入《世界遗产名录》的文化景观遗产中不乏城市类文化景观的实例。例如法国的卢瓦尔河流域所拥有的杰出文化景观遗产，见证了两千年来人类价值观念的更替，人类与自然之间的相互作用与和睦发展。卢瓦尔河沿岸拥有布卢瓦、希农、奥尔良、索米尔和图尔等众多历史城镇，这些历史城镇背山面水，古老的

西班牙巴塞罗那城市景观（2003年10月18日）

村镇点缀其间，中世纪的城墙若隐若现，增加了文化景观的魅力与风采，使人们从中能够感受到历史的真实气息。而尚博尔和舍农索城堡，以及城堡内构思精巧的人工花园等，则清楚阐释了文艺复兴和西欧启蒙运动时期的思想潮流和建筑设计理念。另一个实例是意大利的阿马尔菲海岸地区，复杂的自然地形与独特的文化发展历程，使该地区成为一处重要的中世纪城市类文化景观。公元4世纪这里建立了阿马尔菲城，从9世纪开始成为了海上商业活动中心。这座城市的强盛与中东地区的贸易紧密相关，繁荣的贸易增加了城市人口，带来航海领域包括罗盘在内的一系列发明。如今这里由西西里、阿拉伯与诺曼底风格建筑构成了完美的混合建筑景观，众多的小城镇内拥有不少重要的建筑和艺术作品，形成一座座典型的中世纪民居博物馆。世界遗产委员会认为，阿玛

葡萄牙里斯本历史街区（2003年12月30日）

尔菲海岸地区是地中海文化景观的杰出例证，拥有美丽的自然景观和杰出的文化特色。

城市类文化景观主要通过城市性质、城市规模、城市布局的不同，以及建筑物、构筑物、街道、广场、绿化等文化特色来表现，涉及文化与自然因素的各个方面，是城市空间活动高度集中的结果，而城市多样化的类型奠定了城市类文化景观的多样性基础。贡德尔位于埃塞俄比亚国境西北部，海拔2300米的高原上，是著名的历史文化名城和世界文化遗产地。最初，贡德尔只是一处名不见经传的小村落。17世纪，埃塞俄比亚皇帝法西利达斯将国都迁于此，贡德尔才逐渐发展成为城市。直至1868年，这里一直是埃塞俄比亚的首都所在地。公元17世纪至19世纪，贡德尔是埃塞俄比亚的宗教和艺术中心，城内有古代宫殿建筑群，教堂多达44座，还有众多城堡、宅邸，以及雕刻精美、装饰丰富的拱桥和多层塔。其中位于城内的宫殿建筑群是古代阿克苏姆王国传统的体现，同

埃及开罗城市景观（2010年10月12日）

时也反映出与近代阿拉伯建筑风格的融合。位于古城南端的法西尔盖比要塞城堡，由900米城墙环绕，城内有几代皇帝们的宅邸，还有大量宫殿、教堂、修道院和独特的公共及私用住宅，这些建筑有明显受印度和阿拉伯影响的痕迹，而后耶稣会会士把巴克罗式的艺术风格带入了贡德尔，改变了这里原有的风貌。如今从城堡的顶部，可以纵观古城壮丽的文化景观，以及碧蓝的纳塔湖和岛上著名的修道院。

从发展的观点来看，城市类文化景观是长期演变的结果，同时，由于文化载体和所处环境的差异，使此类文化景观的构成具有多种不同的文化要素。但是，在城市中诸要素之间存在着一定的内在机理，表现出较强的整体性。例如自然景观与文化景观常被视为对立的两种景观类型，然而，在城市中文化景观作为叠加在自然景观之上的文化创造，自然景观与文化景观之间表现出更为密切的关系，成为文化景观的依托与载体。因而，准确的城市类文化景观就包括对其背景，即对所处自然景观和地理要素的观察与分析。城市是一个构造复杂的物质实体，其产生和发展是建立在一定的自然条件的基础之上，地势、地形、气象和气候要素、流经城市的河流、水文特征以及地下水分布状况、城市的地质基础条件、城市生物特征和城市所在区域的生态环境等，都对城市的产生、形成和发展，城市物质生产要素和生活居住环境等予以深刻的影响。同时，城市不仅是一个构造复杂的物质实体，也是内涵丰富的文化载体，而文化景观是城市特色的重要体现。研究城市一般从分析其地理条件，追溯其历史发展起源开始，主要内容包括城市的形成与成长过程、城市的功能与文化特征，城市的结构与空间布局、城市的经济与贸易范围、城市的人口与民族构成，城市的类型与规划沿革等。

美国人文地理学家A.拉帕波特（A.Rapoport）在其《居住形式与文化》一书中曾大量列举了“在许多‘前工业时期的文明’中，城镇布局形式对不同文化体系内人们所认识的‘自然’的寄托与附会关系”。西班牙的阿兰胡埃斯城市景观体现了这一复杂的关系，包括人类活动与自然生态的关系、蜿蜒水道与呈现几何形态的景观设计之间的关系、乡村和城市之间的关系，以及森林环境和当地精美建筑之间的关系。数百年来，人们为此倾注了大量精力，才得以展示出持续而奇妙的变化，从中不仅可以领略到18世纪建造的法国式巴洛克花园文化特色，而且可以感受到伴随着植物种植和牲畜饲养所发展起来的城市生活方式。与之相比，葡萄牙的辛特拉则是19世纪第一块云集欧洲浪漫主义建筑的地区。由教堂改建成的城堡集中了哥特式、埃及式、摩尔式和文艺复兴时期的建筑特点。同时在建造公园的过程中，又引进了许多国外树种与本地树木混合栽种，而豪华住宅被统一安排在道路的同侧，使城堡、公园和住宅形成的景观交相辉映，多元文化既兼收并蓄又和谐统一。在这一由人类创造的优雅与实用并存的文化景观中，建筑与植物处于和谐的状态，代表了浪漫主义景观手法的先驱，对欧洲其他地区城市文化景观设计产生重大影响，并成为外来文化占领特定地区的独特范例。

1997年12月，在意大利那不勒斯召开的第22届世界遗产委员会会议上，我国平遥古城和丽江古城双双列入《世界遗产名录》，成功填补了世界文化遗产中缺少我国历史文化名城的空白。平遥古城是我国保留至今最为完整的明清古城，古城内完整地保留了古寺庙、古衙署、古街巷、古店铺、古民居等各类历史遗存，至今600余年来基本格局未变，并从语言、艺术、生活习俗、伦理关系、生存智慧等各个角度，集中呈现出我国北方传统文化特征，同时完整保存着晋商文化兴起和衰落的珍贵历史遗迹。从平遥古城的整体建制，到历史城区街巷肌理；从外围的城墙，到内部的传统建筑；从现存的3797处民居，到遗留的220多处古店铺，作为平遥古城的基本单元和古城完整风貌的具体体现，处处以儒教的“礼制”为本，严格讲求方正端庄，泾渭分明，等级森严，呈现出封闭自足的生活方式特征。平遥古城文化景观中蕴含了丰富的传统文化，是古代政治、经济、哲学、伦理、艺术、传统习俗、日常生活特征的凝结，多层次地反映出当时的生活理念。世界遗产委员会对平遥古城的评价为“平遥古城是中国汉民族城市在明清时期的杰出范例，平遥古城保存了其所有特征，而且在中国历史发展中为人们展示了一幅非同寻常的文化、社会、经济及宗教发展的完整画卷”。

与平遥古城形成鲜明对照的丽江古城，是我国南方民族地区城市的杰出代表，是具有较高综合价值和整体价值的文化景观，集中体现了地方历史文化和民族风俗风情，体现了当时社会进步的本质特征。丽江古城，坐落在温暖湿润的丽江坝子上，选址充分利用自然山水格局，城址北依象山、金虹山，西枕狮子山，东、南两面开朗辽阔，秋冬季时，狮子山成为古城屏障，挡住西北寒风，但春季的东风、夏季的南风则畅通无阻，冬暖夏凉。古城依山傍水，河道穿城而过，小桥流水人家，被誉为“高原姑苏”。玉龙雪山作为古城的背景，也是各处城镇村寨主要道路的对景，构成丽江城乡雪山、田野、村落交相辉映的独特景观。丽江古城建设崇自然、求实效、尚率直、善兼容的可贵特质，更体现出特定自然环境中，城市文化景观设计与建造所特有的创造精神与进步意义。流动变化的城市空间、充满生命力的水系、风格统一的居住建筑、尺度适宜的广场街巷、亲切宜人的空间环境以及独具风格的民间艺术等，使古城具有鲜明的地域和民族特色。世界遗产委员会对丽江古城的评价为“保持浓郁的地方民族特色，与自然美妙结合的典型，具有特殊价值；历经1996年‘2·3’七级大地震，基本格局不变，核心建筑依存，恢复重建如旧，保存了历史的真实性”。

神州大地是中华民族世世代代衍生栖息的地方，数千年来，尽管自然灾害、战争动乱频仍，但是我们的祖先建设了无数的城市，也使人与自然环境和谐共生的理念深深根植于中华民族的文化传统之中。我国的城市类文化景观遗产承载着这一悠久历史和深厚传统，诉说着中华民族的辉煌创造和卓越贡献，其积淀之丰

辽宁兴城古城（2011年6月23日）

厚，形态之多样，内涵之深刻，集中体现了国家和民族的历史成就、文明素质和综合国力。生态意识始终影响着我国传统城市格局，大到城市，小到建筑，都十分讲究选址、布局与周边山水环境的联系。通过对城市自然环境、地势、土质、水文、战略位置等多方面审慎和周密的考察，形成了我国传统城市的选址、筑城，以及城市空间结构布局的理论体系，体现出尊重自然环境的基本思想，并通过对山川大势的阐发，形成追求崇高精神境界的城市类文化景观。J.李约瑟（J.Needham）在论及中国传统城市空间设计时，就特别强调文化因素对中国城市的深刻影响，他认为“再没有其他地方表现得像中国人那样热心体现他们伟大的宇宙观”。钱学森先生认为，要提高城市的综合效益，就必须重视城市环境质量、城市景观的多样性和多层次选择的可能性。“普遍联系、整体把握”，这便是我国传统城市空间设计的精髓所在。

贵州镇远城市鸟瞰（2008年2月26日）

北京旧城是我国历史性城市的典范代表，“是都市计划的无比杰作”。其中7.8千米的明清北京城中轴线，始终处于驾驭全城的至尊地位，众多重要建筑、广场和道路，或有序安排于轴线之上，或对称布置于轴线之侧，形成空间的韵律与高潮，中轴线两侧的街巷胡同亦相向布局，保持着特有的格局和肌理。整个城市如此大面积的对称，产生出无与伦比的超然气度，独具特色的壮美和秩序由此而得以建立，平缓开阔的城市空间由此而得以控制。经过长时间的营造，明清北京城中轴线成为城市构图的核心，成为城市格局的脊梁，使城市空间序列严谨、主次明确、层级递进、收放有度，使宏大的城市具有了强烈的向心力和归属感。紫禁城在皇城、内城、外城的重重护卫下，坐落于明清北京城中轴线的核心位置，而城市中轴线重叠着紫禁城中轴线，体现出“地中”的思想。“人类社会一直面临着三个基本的矛盾：人与自然的矛盾、人类社会内部的矛盾、人自身的矛盾。化矛盾为和谐，始终是中国也是人类的梦想和追求”。“故宫的核心建筑三大殿的名称，集中反映了这一中国传统的哲学思想。太和殿：天地祥瑞，喻人与自然和谐；中和殿：中庸平和，喻人世和谐；保和殿：心态和顺，身体安适，喻人的身心和谐。这三个殿的名称反映了中国传统文化的价值取向，就是追求和谐”[①]。

然而，北京旧城的文化魅力，还不仅于此，更在于它所具有的一系列变化万千的文化空间和丰富多样的文化景观，通过空间的转换与景观的展现，达到其所追求的目标与效果，建立起人文与自然和谐共生的空间体系，体现出我国传统文化的独特理念。

① 孙家正：《追求与梦想》，5页，北京，文化艺术出版社，2007。

例如什刹海、北海、中南海的湖沼岛屿所产生的不规则布局，琼华岛白塔和妙应寺白塔所产生的天际线景观，以及众多坛庙园林的错落有致，都增强了规则布局和不规则布局的变化与对应。这种总体布局的方正严谨与局部不规整的自然形态，巧为配合，相得益彰，既加强了总体的秩序感和庄重感，也寓自然美于人工安排之中，使人工规划的雄伟与自然环境的柔美和谐地相伴相生，并包容了历史城区最具代表性的人文活动，以及多样性的文化空间。“北京是在全盘的处理上，完整地表现出伟大的中华民族建筑的传统手法和在都市计划方面的智慧与气魄。这整个的体形环境增强了我们对伟大的祖先的景仰，对于中华民族文化的骄傲，对于祖国的热爱。北京对我们证明了我们民族在适应自然，控制自然，改变自然的实践中有多么光辉的成就。这样一个城市是一个举世无匹的杰作”①。

城市类文化景观是城市独有的文化特色、精神特质、性质特征、区位特点的综合反映，是城市重要的无形资产，体现着城市的价值。城市特色与文化景观之间存在着密切关联。城市特色是城市的内容和形式明显区别于其他城市的个性特征。城市一旦有了自己的特色和风格，就有了一种属于自己生命的光彩和魅力。城市特色不仅能够在物质空间形象上给人们以特有的美感，而且能够在精神成果上给人们以高层次的愉悦，使人们对城市的历史人文沉积产生深深的认同感。城市像一本打开的书，人们每天都在阅读。美国著名建筑师E.沙里宁(E.Saarinen）曾说过：“让我看看你的城市，我就能说出这个城市的居民在文化上的追求。”城市特色是文化景观

---

① 朱祖希：《对“人文北京”的感悟》，载《北京晚报》，2008-11-28（43）。

稳定性、继承性、持久性的支撑力量，文化景观则是城市文化的载体，是城市特色形成并对外辐射的核心依托，反映出城市特色的品质。当前，文化景观的价值和地位不断提升，不仅是影响城市生存空间质量的重要因素，而且是影响城市综合竞争力的直接因素。文化景观作为城市文化的载体，能够对城市环境产生积极的综合效应，赋予生存空间浓厚的人文气息。“人们开始不仅仅满足于‘诗意的栖居’，同时也需要‘文化的栖居’”。城市文化的扩散与渗透不仅能从外部层面美化环境，还能从精神与道德层面提高环境品质。对生存空间精神与道德层面的追求，潜移默化地影响着人们对于城市类文化景观的体验与感受。

城镇是城市与乡村的过渡形态和联系纽带，也是介于两者之间的一种聚落。城镇聚落规模、分布和类型，深受自然环境、人

河北张家口清远楼、镇朔楼（2003年8月9日）

口、社会、经济和历史条件等制约，地区差异很大。一般来讲，城镇内非农业人口规模，从1万以上到几十万以下不等。其中集镇是等级最低、规模最小的一类城镇，它的数量最多，广泛分布于乡村地区，实质上是乡村地区的商品交换中心。因此，城镇聚落的文化景观，兼有城市类文化景观和乡村类文化景观的特点。从城镇的职能分析，可分为专业性城镇和综合性城镇两大类。综合性城镇，往往是当地行政和经济管理机构所在地，它们在一定区域内起着经济、政治、文化中心的作用。专业性城镇，职能相对比较单一，相互间差异较大，兴起和发展历史较短，但是对外联系范围较广，根据各专业性城镇的产业结构、职能特点，可以划分出不同类型的专业性城镇。同时，城镇又与乡村有着千丝万缕的联系。城镇不像城市那样远离乡村，因此定期集市和大型公众活动都在这里举行，甚至许多城镇的边缘地区与乡村联在一起，没有明显的区域边界①。

早在明、清时期，我国就已经出现了从封建自然经济转向近代商品经济的萌芽。在这一过程中，北方的“晋商”和南方的“徽商”发挥了重要作用。但是，就在晋商、徽商活跃的年代，在我国西南一隅，湖南西部的洪江，由于地处“五溪”区域中心，拥有得天独厚的水路交通优势，而出现了重要的发展契机。长江、洞庭、沅水连接云贵茶马古道，是明清时期人流、物流的重要交通线路，通过民族融合以及商旅会聚，构建出经济繁盛、社会和谐、民族团结、文化丰富的洪江古商城。明初修建皇宫和郑和下西洋，需要大量的木材和桐油，均是从云南、贵州及湘西

① 赵荣，李同升：《陕西文化景观研究》，西安，西北大学出版社，1999。

各地汇集洪江。经过数代经营，洪江成为以集散桐油、木材、白蜡等而闻名的地区经济中心。作为大西南的门户，当年洪江古商城中的会馆之多，几乎涵盖国内绝大部分省份和湖南省内所有地区。洪江古商城的形成得益于四方汇聚带来的商业繁荣，商业繁荣得益于民族融合。当地苗族、侗族、瑶族，以及汉族民众从事桐树的栽培、木材的砍伐、桐油的加工。安徽、江西等地商人利用各自的经营贸易优势，收购桐油、木材等转销湖北、江苏、浙江等地，又将食盐、布匹、百货等运来洪江，然后用苗船转往五溪流域及云贵各地。历经五百多年风雨的洪江古商城，今天犹如一座集经济、政治、军事、宗教、文化遗存的活态博物馆，是我国近代商业发展的标本①。

历史文脉在城市自然生态和文化内涵的长期演变中形成与发展，代表着这些城市不可复制的历史，体现着其他城市难以模仿的品味。洪江古商城的城镇布局和房屋建筑独具特色，以山为骨架，以水为血脉，依山傍水就势而建，与自然山水和谐共存，保存了较为完整的天人合一的文化景观。如今，洪江古商城较完好地保存着历史原貌，遗存有380余栋明清时期的古老“窨子屋”，总建筑面积达30余万平方米。这些传统建筑设计精巧，特色鲜明，呈现出青瓦灰墙，阁楼飞檐的地域文化景观。洪江古建筑群多按井字形排列，规模之大、气势之雄、建筑之奇、保存之好，实为国内罕见。这些传统建筑或构筑于高坡，或坐落于深巷，或吊悬于河边，通过曲折迴环的青石板路与高低错落的青石码头彼此相连。窨子屋是四壁无窗，天顶采光的徽式民居风格，而在洪

① 王康乐、王平：《湖南“洪江古商城”的成因和价值》，载《经济史》，2008（6），19页。

江古商城已发展为商住两用型，既用于居家又可作商用，但是，在使用方面比徽式民居有一些重大改进，一是修建晒楼，不仅可供晒晾衣物，而且还可作眺望、纳凉、种植花草、晾制干菜等用途。二是天井下面的“四水归堂”的水缸，在窨子屋内是用青石板砌成的“太平缸”，平时蓄水，如遇火险可作救火之用。一般人家在缸内饲养金鱼，并配置假山盆景以点缀室内景观。

城市类文化景观，不仅是人们所创造的可视形态，而且集中反映出人们鲜活的生活状态和难以忘怀的生活经历。在烟台，自1861年被确定为通商口岸，西方列强即乘机而入，纷纷涉足古老而美丽的海滨。英国人依仗在烟台开埠的特殊作用和最先来到烟台的有利条件，抢占烟台山上最好的地段盖起了领事馆。此后，法国、美国、挪威、瑞典、德国、日本等国先后在烟台山上设立领事馆、洋行等办事机构，至20世纪30年代，烟台山及其周围已经形成了较大规模的近代建筑群。“在中国近代历史上，没有哪一

山东青岛城市鸟瞰（2010年5月24日）

个城市与一座山的关系，像烟台与烟台山这么紧密”[①]。今天，烟台山以17个国家领事馆为主体的47组近代建筑群，3万余平方米的中西合璧式建筑，成为烟台与烟台山的凝固记忆，也成为中国半殖民地半封建社会的缩影和见证。每当人们看到这些风格迥异的外国领事馆建筑，就会想起那段苦难的历史，激发民族复兴的志气。在上海，为了保留城市一段珍贵记忆，设立了虹口区提篮桥的犹太人历史风貌保护区。在举办犹太人在上海的纪念活动时，已经92岁的前美国国家银行行长，不用别人指路，就找到了旧居的原址。他告诉大家“瞧这间房是我们家的，爸爸妈妈睡大床，这边是姐姐的床，那边是我的小床。”说着眼泪就掉了下来，“我真的感谢上海，在我们犹太人被全世界赶尽杀绝时，这里收留了我们。”他的话语中充满了感情，充满了感恩。这就是城市的文化景观，生动地记载着我国和世界人民的珍贵友情[②]。

民众的文化观念对文化景观遗产的保持和维护具有深层次影响，特别是在城市类文化景观中具有重要表现。波兰的华沙建城于1280年，16世纪末城市得到迅速发展。虽然1656年和1702年华沙两次被瑞典人所摧毁，但是经过两度重建，至18世纪末仍然是欧洲最大的城市之一。第二次世界大战末期，华沙举行反纳粹占领者起义，起义失败后，希特勒下令把华沙从地球上抹掉。纳粹专门部队野蛮地爆破了古老建筑、纪念碑、文化古迹，历史中心85%的传统建筑被毁。战后，波兰民众急切地展开了重建工作，严格按照保存下来的设计图纸，经过长期的艰苦努力，重新修建了王宫和旧城的纪念建筑，十几万人参加修复工作，其中义务劳动量达数十万工

① 柳进忠：《耻辱的记忆：烟台山近代建筑群》，载《中国文物报》，2008-08-15（4）。
② 黄玮：《给城市留条“回家的路”》，载《解放周末》，2008-07-11（17）。

时。华沙王宫是波兰千年国家历史传统的文化象征，也是民族兴衰史的见证。1984年9月1日11点15分，即45年前王宫奇格蒙特塔的大钟停摆的时刻，隆重举行了王宫修复竣工仪式。如今，俯瞰全城具有哥特式、文艺复兴式和巴洛克式等各种风格的纪念建筑，与色彩艳丽的成片传统房屋融为一体，共同构成和谐的城市文化主题，保持着赏心悦目的城市文化景观。华沙历史中心的重建，对欧洲国家的历史城区保护理论，产生了极大影响。对此，世界遗产委员会评价道："华沙的重生是13—20世纪建筑史上的不可抹灭的一笔。"

吴良镛教授早在20世纪90年代初，就指出了"景观遗产"保护的重要性："对原有城市在历史上已经形成的不仅具有文化价值，并且具有整体美的精华地区，需要千方百计设法加以保护。对历史地段保护的意义，不仅在于保护文物建筑、雕塑等本身（'实体'部分）不被破坏，或对已经被损坏的地区进行科学的整理修复工作，还要保护其淳朴的'虚'的外在空间，具备整体美的环境，使城市的'景观遗产'（townscape heritage）不轻易地遭受破坏。"① 如今，城市景观规划和城市设计已经成为城市规划的一项重要内容。"朝阜干道"，是指北京旧城阜成门至朝阳门之间的历史街道，被誉为北京最美丽的文化街道，沿途拥有丰富的建筑天际线和祥和的文化环境氛围，汇集了众多古老与近现代文明的优秀作品，例如历代帝王庙、广济寺、故宫、大高玄殿等古代建筑群；鲁迅故居、北平图书馆、北大红楼、中国美术馆等近现代建筑；妙应寺白塔、北海、中南海、景山等文化景观，以及众多成片的历史文化街区。这些共同构成了鲜明的文化特征。如今在城市规划设计中，通

① 吴良镛：《广义建筑学》，140 页，台北，地景企业股份有限公司，1994。

过对“朝阜干道”的整体保护，使其不但是北京800年建都历史的缩影，而且成为皇家文化与民间文化、宗教文化与世俗文化、古代文化与现代文化相互交融、共放异彩的文化景观走廊。

在北京历史城区的东北角，有一条耸立着4座彩绘牌楼的格外宁静的古老街巷。街中用6种文字镌刻“官员人等，至此下马”的下马石，隐于街巷内布局规整、气势恢宏的古建筑群，世代流传于街巷、四合院的鲜活故事，都向世人昭示着这条街巷不平凡的经历。国子监街，有着700多年悠久历史，因孔庙和国子监在此而得名。孔庙和国子监两组彼此相邻的建筑，总占地面积5万平方米，按照“左庙右学”的规制，组成完整、庄严、宏伟、壮丽的古建筑群，既有皇家的气势，又有学府的典雅。东西贯通的国子监街全长669米，平均宽度11米，浓缩了我国传统文化精华，乾隆皇帝赞其为“京师为首善之区，而国子监为首善之地”。国子监街以幽雅、宁静、神秘的环境和丰富的历史、人文内涵，成为古都北京一处独具特色的文化景观。国子监街虽然是国学圣地，但是除了国子监和孔庙两座标志性建筑以外，依旧保持着历史文化街区的传统风貌，街道两边多为低矮整洁、青砖灰瓦的四合院民居。同时，街巷两旁浓荫蔽日，槐树成行，绿树、红墙与4座彩绘牌楼相映生辉，整条街巷弥漫着古朴、儒雅、闲适的文化气息，这种浓郁的传统文化气息，“是那些树小墙新、大路宽阔的仿古一条街所无法比拟的”[①]。

历史文化街区是城市之魂。当人们走进一座城市，如果希望感受它最真实的气质，就必须访问最具代表性的历史文化街区，

① 国子监街：《七百岁老街延续两千年文脉》，载《中国文化报》，2009-03-24（5）。

在这里沉淀着城市的历史，蕴藏着浓郁的风情。营口是东北最早对外开放的滨海城市，市内现存近现代建筑69处，其中34处坐落于东西长约1.3千米的西大街。西大街历史文化街区的价值主要体现在以下几个方面。首先是我国北方早期港口文化的象征。1861年营口开港后，沿河有27座码头，西大街为航运服务的“大屋子”、店铺鳞次栉比，成为客商云集、店铺林立的繁华街市，沿街的近现代建筑则集中反映了这一时期港口文化景观的历史变迁。其次，是东北近代民族工商业兴衰的见证。近代营口是东三省的商贸中心，截至1931年，营口的商号发展到2588家，规模较大、盈利较丰的就有20余家，其中一些著名的商号都在西大街及其附近。这些商号建筑，历经清代、民国、伪满时期，几易其主，饱经沧桑，见证了民族工商业的兴衰史。第三，是近代建筑的“博物馆”。在西大街可以领略各国的建筑风格，其保存下来的19世纪末、20世纪初的近代建筑相对集中，在全国已属少见。与我国其他后来有较快发展的城市，如广州、上海、天津等相比较，营口西大街的近现代建筑，属于开创时期的第一代建筑。

海南，虽然是我国最年轻的省份，但是自然与文化遗产资源却十分丰富。在自然遗产资源方面，海南属于最南端的亚热带原始雨林，动植物种群独特而多样。在文化遗产资源方面，独树一帜的地域文化与南洋文化相互交融，形成开放、兼容的移民文化。从唐宋起，海口与南洋就有交通往来，由于频繁的商业活动和航海运输业的不断发展，海口商民不满足于原地经营，纷纷走向更远的南洋。20世纪初，早年去南洋谋生的海南华侨，在外面闯荡经商，做生意挣钱后又陆续回到海南。特别是20世纪20年代，海南热情邀请海外华侨回乡投资建房。一批批琼籍归国华侨，或衣锦荣归，或落叶归根，纷纷在海口建立自己的基业。他们效仿南洋建筑风格的特色，建成一幢幢柱廊骑楼式的建筑，用于商用和居住。海南本地人称海口的骑楼老街为“南洋街”，海口最早的骑楼是建于1849年的“四牌楼”，之后家家户户所建骑楼逐渐连接形成街道，成为“店铺的公共走廊”，逐渐形成永乐街、大街、新兴街、得胜沙路和沿海的长堤路等，构成大片繁华的骑楼街区。据《海口文史资料》载，“仅二年，争相修建有骑楼的新式楼房计800多幢，使海口面貌焕然一新”。

海口骑楼老街，是现今国内骑楼建筑保留规模最大、保存基本完好、极富中西特色的历史文化街区。十几条街道两侧均为有着近百年历史的充满南洋建筑风情的骑楼，串联起海口变迁的历史，是几个世纪以来海外华侨和海南民众集体记忆的共同载体。骑楼作为一种特色建筑形式，适合阳光强烈、风雨即来的天气。骑楼一层过道既可以遮蔽阳光，又可以躲避风雨，同时有效地扩大了楼上的建筑面积。海口骑楼建筑立面多为横向三段对称式，细部雕饰精致优美，顶部檐口天际线多有波浪形、涡卷形和几何形雕饰，女儿墙多设一个或多个孔洞，既可以预防台风袭击，减少对建筑物的风负荷，又因此形成了独特的建筑艺术形式。同时，弧线优美的窗户拱券，以及临街外墙、门窗上的装饰构件式样繁多，鲜见重复。这些骑楼老街与内陆和南洋有着诸多文化、地缘、习俗等方面的联系，曾汇聚了众多土产出口业、侨批汇兑业、书籍文具业、中西医药业、茶楼酒店业等老字号。一幢幢饱含岁月沧桑的骑楼，镌刻着百年以来的历史印迹，凝聚着普通民众的思想和情感，向人们展示出海口民众善良、坚韧、执着的精神和气质，这种精神带有博大和宽阔，这种气质充满传奇和神秘。今天，骑楼老街历史文化街区受到保护而免于拆毁，对海口来说是城市中心区最后保留下来的具有文化意义的传统商业空间，是海口市民共同拥有的引以为自豪的文化财富，今后也必将成为海口城市建设的重要文化地标。

在城市中，不同时代的建筑映射着不同时代的文化特色，优秀的城市建筑群更是体现出完整和谐的文化景观，例如南京中山陵作为纪念性建筑群，从布局、色彩、空间、轴线、体形、节奏，无不形成完整的艺术形象，直到今天仍然是古都南京城市的标志。拉萨布达拉宫建筑群，高耸、雄伟、壮丽、神圣，亦是文化与环境唯美的范例。“要看中国的两千年，请到西安；要看中国的五百年，请到北京；要看中国的一百年，请到上海；要看中国的近十年，请到广东”。这首流行于20世纪80年代的民谣，再形象不过地概括了我国几座历史文化名城和相关城市的历史与文化特点[①]。文化景观遗产并不意味着死气沉沉或者静止不变，它们完全可能是动态的、发展变化的、充满活力的和具有生活气息的。许多文化遗产仍然在人们的生产生活中发挥着重要的作用，甚至不断地吸纳更多的新鲜元素，充满着生机与活力。上海外滩之所以一直让人陶醉，成为上海最激动人心的文化景观，关键是这里既有充满历史感的外滩万国建筑，又有与之协调的环境氛围，更有黄浦江对岸五彩斑斓的东方明珠、直插云霄的金茂大厦等，传统与现代在这里得到了有机和谐的互补与互动。目前，上海正在越长越高、越变越新。与此同时，如何保护好五方杂处、中西交融的城市类文化景观特色，在新与旧之间寻求最佳平衡点，显然是必须长期面对的重要课题。

---

① 燕舞：《读吧，纸上的城市》，载《北京日报》，2008-10-20（15）。

关于将北京旧城整体列为地下文物埋藏区的提案①

（2010年3月）

古都北京，有着3000年的建城史，800年的建都史，是一座举世闻名的历史文化名城。北京地下文物资源十分丰富，具有分布范围广、延续时间长、保护价值高等突出特点，为研究城市建设历史和历代城市布局等，提供了大量实物证据，也是体现北京城市文化内涵和特色的宝贵资源。但是，由于北京地下文化遗址普遍埋藏较浅，极易受到各类建设活动的影响和破坏。

近年来，北京城市建设和经济发展势头迅猛，大量基础设施建设项目纷纷上马，南水北调、陕京天然气管线、奥运场馆、京承高速、京平高速、五环路、六环路等基本建设工程使城市布局和功能区划发生了很大变化。特别是在北京旧城范围内实施的建设和改造项目逐年增多，涉及大量地下文化遗址的抢救性保护，地下文物安全形势十分严峻。

据不完全统计，2003—2009年，北京市文物部门配合各类基本建设工程开展的考古和文物保护项目仅410余项，远远少于这

① 此文为在全国政协十一届三次会议上的提案，联名提案人：吕章申 余辉 丹增 郁钧剑 董良翚 刘敏 张海 田青 尼玛泽仁 杨力舟 王书平 阿拉泰 耿其昌 樊锦诗 夏燕月 张廷皓 席强 陈力 韩书力 姜昆 侯露 冯英 龙瑞 郭瓦加毛吉 仲呈祥 张和平 杜滋龄 宋春丽 吴祖强 林建岳 张柏 安家瑶 高延青 苏士澍 詹祥生 王川平 陈祖芬 刘庆柱 杨一奔 赵维绥 王霞 孟广禄。

一阶段新开工建设项目的数量。一些建设项目在未开展前期考古调查、勘探和发掘工作的情况下擅自开工，使地下文物保护工作陷于被动局面；一些交通枢纽、地铁车站等建设项目在施工过程中，曾经发生文化遗址、古代墓葬遭到破坏或出土文物被抢被盗的恶劣事件，致使国家珍贵文物蒙受损失。

为了切实做好地下文物保护工作，北京市文物部门与法制部门积极协调，出台了《北京市实施〈中华人民共和国文物保护法〉办法》，规定北京旧城区内用地1万平方米以上和地下文物埋藏区必须提前进行考古勘探。同时，加强了基本建设工程考古工作力度，并与规划、建设等部门密切配合，通过土地联席会议等协调机制，采取措施加强地下文物保护。此外，针对旧城以外的其他大型基本建设，文物部门会同规划部门先后开展了四批地下文物埋藏区的划定工作，以简化这些区域内工程建设实施前的调查研究工作，先期将地下文物纳入监管保护范围。

据了解，北京市第四批地下文物埋藏区现已上报市政府审批，规划面积15974.71公顷，而前三批地下文物埋藏区的面积总和为2798.2公顷。“十二五”期间，北京市还将启动第五批地下文物埋藏区的划定工作。但是，由于相关法律法规中对建设工程考古工作的规定较为原则，可操作性不强，再加上一些相关部门和地方政府重视不够，因此，在实际工作中“地下文物埋藏区”的相关规定难以得到严格执行。

北京旧城整体属于古代都城遗址范围，地下埋藏了唐代至清代以来历朝历代的重要遗迹遗物。例如元大都城遗址就有2/3面积位于今天北京旧城北部的地下，700多年的街道布局依然保留在今天的北京城市之中。随着北京旧城内城市建设速度不断加快，地下文物保护形势必将更加严峻。为妥善解决北京旧城建设发展与地下文物保护之间的矛盾，确保地下文物安全，建议如下：

（一）北京市政府尽快公布第四批地下文物埋藏区。同时，在开展第五批地下文物埋藏区的划定工作时，应将北京旧城整体列为地下文物埋藏区。

（二）北京市规划、建设部门进一步加强与文物部门的沟通，在审批基本建设项目时，明确要求所有位于旧城区内的建设项目必须进行前期考古工作，将地下文物保护纳入建设项目审批的前置环节。

（三）北京市文物部门研究建立向社会发布需要先期开展考古工作的建设项目名单和发布考古工作进展情况的公告制度。并加强执法督察，建立向建设单位下达文物行政执法督察预通知制度，加大建设工地现场执法督察工作力度，及时处理并公布相关信息。

北京景山远眺

在北海荣获国家历史文化名城庆典仪式上的讲话

（2010年12月28日·广西北海）

今天我们相聚在美丽的北海，隆重举行国家历史文化名城庆典仪式。

有着两千多年行政建制史的北海，犹如镶嵌在北部湾东北岸的一颗明珠，是海上丝绸之路的重要港口和近代通商口岸。数千年的历史积淀，给北海留下了迷人的人文景观、众多的文物古迹、厚重的文化底蕴。改革开放以来，北海先后被列为我国首批对外开放的14个沿海城市之一、西南地区出海大通道重要出海口。特别是进入21世纪以来，随着国家西部大开发战略的实施，北海被定位为我国西部大开发优先发展区域。

近年来，北海市在加快实施《广西北部湾经济区发展规划》的进程中，发挥北海的区位优势和资源优势，以申报历史文化名城为切入点，正确处理历史文化遗产保护与城市建设、经济社会发展的关系，制定《北海市历史文化名城保护管理规定》，完善古城保护规划体系，做好第三次全国文物普查，公布保护街区、建筑名录，挖掘、整理北海历史文化资源，引导社会各界参与名城保护，使北海这座文明古城焕发了新的生机与活力，呈现出经济发展、社会和谐、文化繁荣的喜人局面，实现了文化遗产保护与经济社会发展的良性互动。这次北海成功申报国家历史文化名城，对进一步提升北海的文化软实力和综合竞争力，促进经济社会协调发展具有重大而深远的意义。

历史文化名城是宝贵的不可再生的文化资源，是我国文化遗产的重要组成部分。特别是在文化已成为经济发展原动力的今天，切实保护好、利用好、传承好这些文化遗产，对彰显城市文化底蕴、提升城市文化品位、促进城市经济社会发展，具有不可估量的作用。希望北海以此次荣获国家历史名城为契机，进一步加大历史文化名城保护力度。要按照《文物保护法》《历史文化名城名镇名村保护条例》的要求，正确处理好经济建设、城市建设与历史文化遗产保护的关系，编制好历史文化名城保护规划，加强对历史文化街区、文物保护单位、历史建筑的保护。要充分发挥政府在文化遗产保护中的主导作用，完善公众参与文化遗产保护的机制，推动文化遗产保护与区域经济社会发展相结合，与提高人民生活质量相结合，促进历史文化名城建设和经济社会发展的全面进步。

广西北海近代建筑英国领事馆旧址（2010年3月22日）

在商丘历史文化名城保护座谈会上的讲话

（2011 年 1 月 12 日 · 河南商丘）

商丘是一座既古老又年轻的城市，是一座著名的历史文化名城，有5000年的文明历史，有3000年的城市建设历史，也是重要的文化线路的汇集地。在这方面，商丘历史文化名城极具价值，体现一种独特的文化景观。近年来，多次到商丘来考察，感受到城市经济社会的发展和城乡面貌的变化。目前商丘人均国内生产总值达3000 美元，将是城市化加速进程的重要时期，面临着难得的发展机遇。这一发展阶段，对于历史文化名城保护来说十分关键。

昨天下午和今天上午，我们现场考察了夏邑镇大运河故道、商丘古城、商丘市博物馆、南关大运河码头遗址、圣保罗医院旧址等处文化遗产。通过考察我感到，对于商丘历史文化名城的保护，应按照“积极保护、整体创造”的原则加以推进，一方面要注重旧城保护与新城建设的相互支撑、和谐推进，另一方面要实现旧城有机更新、有机疏散。

与京杭大运河相比，隋唐大运河年代悠久，历史文化遗存格外珍贵。近期应抓紧安排考古调查和考古发掘，重点摸清大运河历史遗存和价值，特别注意典型河段和码头遗址的考古工作。需要论证商丘古城与隋唐大运河之间的关系，例如：宽阔的护城河在隋唐大运河中的功能与作用；商丘古城南距大运河1000米，其商业贸易、文化交流等方面密切联系，能否也纳入大运河申报世界遗产的项目之中，再现大运河独特的文化景观。

商丘古城城墙的保护，应抓紧编制保护修缮方案，及时编制预算上报。同时，要格外注意文化遗产的真实性和完整性。商丘市博物馆占地约7.3万平方米，建筑面积近3万平方米，规模不小。博物馆的建设要在内部建筑空间布局、陈列展览、安防技防等方面及早听取博物馆方面专家的意见。

河南商丘归德府城墙（2007年12月12日）

在首都规划建设委员会第31次全体会议上的发言

（2011年1月25日）

刚才，北京市规划委员会在《关于通州运河核心区规划及实施》的汇报中，强调了通州是历史文化名镇，也是京杭大运河的重要点段。目前，大运河申报世界文化遗产已进入实施阶段，大运河申报世界文化遗产涉及8个省和直辖市的35座城市，国务院确定的时间表是2014年争取列入联合国教科文组织《世界遗产名录》，也就是说要在2012年基本完成各项前期工作。目前，正是大运河保护和环境整治的关键时段。通州历史上是京杭大运河的漕运和仓储重地，是此次申报世界文化遗产的重要项目，建议结合此次通州运河核心区的规划和实施，进一步凸现大运河的文化价值，既有利于文化景观特色的彰显，又为通州的经济社会发展做出贡献。特别是燃灯塔等文化节点，通过精心保护和合理规划可以有力提升通州运河核心区的文化品位和特色景观。

刚才，北京市建设委员会在《关于首都功能核心区保护性改造和政策性住房建设工作》的汇报中，使用了"旧城保护性改造"和"旧城保护性修缮"这两个词，都比过去广为使用的"旧城改造"一词有文化。"旧城改造"一词的问题在于，将有着千百年文化积淀的旧城，仅仅定位为改造的对象，而忽视对于旧城还要保护的任务。而今天的报告中突出强调保护和修缮，更加符合北京旧城历史文化名城的实际情况。特别是在城市发展新区专项划拨了3平方千米建设用地，用于核心区人口疏解对接安置。这一措施有利于疏解历史城区过于密集的人口压力。当然，再好的政策，也需要科学的实施，特别是要实现旧城内人口的“对接安置”，更需要细致的工作，才能实现预定的目标。

北京市交通委员会在《关于科学规划多措并举努力缓解首都交通拥堵情况》中谈到，加快中心城轨道交通建设、建设微循环道路、打通断头路、实现一批次干路、支路，这些都是缓解首都交通拥堵的有效措施。这些道路交通基础设施的建设，特别是在历史城区内的实施，很多都涉及文物建筑、考古遗址等文化遗产的保护问题，需要妥善处理。实际上解决交通拥堵，不在于道路要多宽、多直，而在于道路布局的科学合理，在于道路结构的系统完善。

几个月以来，对于北京历史文化名城的保护不断听到一些好消息，在京的一些文物专家也都给予充分肯定。其中比较突出的一个是，北京传统中轴线筹划申报世界文化遗产，另一个是首钢工业遗产的整体保护。

最近我两次到首钢去学习考察，看到首钢所在区域处于太行山脉、永定河边，处于一个完整的人与自然共同创造的文化景观之内，历史与现代和谐融合，还有石景山上众多的文物古迹，非常难得、极其壮美，在世界级的特大城市中心附近，有这样独特的文化景观，十分罕见。同时，首钢是持续发展了90多年的“活态的”工业遗产，目前，在停产之时就开始研究工业遗产保护问题，创造与保护如此密切相连，在世界上也是少有的。北京市和首钢集团对于首钢的未来给予了高瞻远瞩的定位，首先看到的不是用地的经济价值、现实价值，没有将厂区用地切割拍卖，化整为零；没有通过房地产开发，尽快回收资金；没有定位于盖写字楼，解决现实问题。而是按照《北京城市总体规划》对于首钢的未来进行战略思考，非常理性，从长远的可持续的角度对未来发展进行定位，十分令人感动。首钢是我国工业发展的缩影，具有典范意义，完全能够成为世界级的典范。今天在国际上谈工业遗产保护，经常提到英国的铁桥峡谷、德国的鲁尔等，这些工业遗产早已成为世界文化遗产，成为世界著名的旅游胜地，而首钢应该成为保护工业遗产的世界级典范。今后，国内外游客到北京来，看古代的文化创造到故宫，看现代的文化创造就要到首钢，使首钢工业遗产成为一座中国工业博物馆、成为国家工业遗产公园，使人们能够在这个园区内流连忘返，获得多样化的文化享受。要实现这一点，在今天的战略发展规划中、在今天的经济结构调整中，需要有科学合理的定位。

北京鼓楼鸟瞰

在全国政协古都古城遗址保护调研座谈会上的讲话

（2011 年 4 月 21 日 · 湖北荆州）

首先非常感谢全国政协，特别是全国政协提案委员会，多年来对文化遗产保护工作的关心支持，感谢各位全国政协委员不辞辛劳莅临湖北荆州调查、指导荆州古城和大遗址保护工作。昨天大家为了赶乘7点20分直达宜昌的航班，早上5点多就起床，下午又冒雨考察了熊家冢、荆州古城和荆州博物馆，一路十分辛苦，令我们十分感动，也充满了敬意。

荆州是文化遗产大市，获得多项文化遗产保护领域的殊荣。也正因为如此，荆州的每一项文化遗产保护行动，都会引起全社会广泛关注。近年来，在文化遗产保护上，荆州市表现出高瞻远瞩的文化气魄，坚守文化理想，不断开拓创新，为守护和传承祖国优秀文化遗产做出了不懈努力，保护了城市不可替代的文化资源，也赢得了社会各界的广泛赞誉和欣赏。荆州已经逐渐成为中国特有的文化地标，特别是荆州大遗址保护在满足民众日益增长的文化需求的同时，也有力促进了地方经济社会发展，成为我国南方大遗址保护工作的一个典型范例，起到非常重要的引领作用。

荆州片区是我国大遗址保护五大片区中文化遗产内涵最丰富、遗产形式最多样、文化类型最独特的大遗址片区。荆州不仅有山有水、人杰地灵，而且历史积淀深厚，现存文化遗产资源众多，古城、古建筑、古遗址、古墓葬等文化遗产分布面积占荆州区国土面积的70%以上，地域特色地域文化十分鲜明。楚纪南城、八岭山等大遗址，建设考古遗址公园和遗址博物馆的基础条件极其优越，发展潜力巨大，前景美好，特别是省、市各级领导认识高度一致。大遗址保护工作启动以来，湖北省政府、荆州市政府高度重视，无论是人力财力，还是组织机构的设立，始终走在全国的前列。

在刚才的情况介绍中，湖北省文物局和荆州市政府也提出了一些亟待解决的问题，诸如法律法规建设问题，经费投入问题，土地征用困难与土地使用性质问题，遗址公园后续运行管理问题

湖北荆州城墙（2005年8月8日）

等。针对大家提出的这些具体问题，一方面，国家文物局已经组成调研组，并邀请国务院研究室、国务院政策研究中心、人力资源和社会保障部、住建部、国土部、法制办、国家旅游局等部门参加，正在积极调研，协调国家相关部门关注这方面问题。另一方面，我们也希望在荆州大遗址保护中先期创造经验，国家、省、市联合推动。同时，充分依靠全国政协的独特作用，加快相关政策和立法进程，为大遗址保护开辟新的创新之路。

对于荆州大遗址保护中加大经费投入，加强专家咨询指导，开展大遗址保护高峰论坛协作方面等问题，国家文物局将大力支持，全力推动。荆州古城当前的重点，一是要加紧对城墙实施整体保护，对城区需要疏散的单位和居民要加紧妥善安置，二是熊家冢考古工作和文物保护工作要积极推进，三是楚纪南城遗址公园规划要加紧实施。这方面也希望省政府加强领导，规划、国土、旅游、文物等相关部门给予大力协作，共同推动大遗址荆州片区建设，以实际行动答谢全国政协提案委员会和各位委员对荆州文化遗产事业的关心和厚爱。衷心祝愿能够以2011年中国大遗址保护高峰论坛在荆州召开为契机，以荆州古城申报世界文化遗产为契机，不断推进大遗址保护和考古遗址公园建设，在新的起点上推动文化遗产事业实现新的跨越。

在江苏省“历史文化名城名镇名村保护工作”检查会议上的讲话

（2011年7月16日·江苏南京）

江苏省在全国是历史文化名城和历史文化名镇名村资源最丰富的省份。其中由国务院公布的国家历史文化名城就有9座，由住房和城乡建设部、国家文物局公布的中国历史文化名镇19个、中国历史文化名村3个。近年来无锡市、南通市、宜兴市相继成功申报，进入国家历史文化名城之列。彰显了这些城市的历史文化底蕴，宣示了这些城市保护城市文化的坚强决心，也展示了这些城市保护文化遗产的突出成果。

江苏省正在持续经历城市化加速发展时期，经济社会快速发展。大部分城市人均国内生产总值已经超过1万美元，部分城市已经接近2万美元，个别城市甚至达到3万美元，人们对于生活的追求目标有了很大的变化，希望生活更美好，希望生活得更有尊严。城市决策者的政绩追求也有了很大的变化，希望城市更美好；希望城市更有尊严。但是，由于不同城市战略思考不同，文化站位不同，效果大不一样。在这一过程中，如何在新的情势下，及时调整发展思路，进行战略思考，事关可持续发展。

我每年都会认真阅读一些所关心城市的政府工作报告，从中可以看出城市主要负责人的工作站位和战略思考。例如，几年前无锡市的政府工作报告中，清晰地提出抓科技、人才、环境、文化和民生，给人耳目一新的感受，因为当时大多数城市都过于物质性地定位城市发展目标，高喊“工业立市”、建设“国际化大城市”、实现“经济跨越式发展”、城市化面貌“一年一小变、三年一大变”等等，满篇豪言壮语。但是，缺少实现目标的科学路径。实际上通过把科技、人才、环境、文化和民生等这些根本性、基础性的目标实现好，经济必然发展，社会必然和谐，环境必然改善，生活必然美好。

两年前，南京历史文化名城和天津历史文化名城的保护状况，引起专家学者的高度关注，上书国务院领导，国务院领导多次做出重要批示。建设部和国家文物局联合实地进行了专项督察，与两座城市领导交换意见，统一思想，向国务院上报了办理报告。两年过去了，南京和天津的历史文化名城保护情况都发生了重大变化。先说天津，城市发展布局和历史文化保护的思路引

江苏无锡中国历史文化名街惠山老街（2011年6月13日）

人注目，有力实施“跳出老城、建设新城”的战略措施，取得明显成效，滨海新区的建设快速推进，吸引各方面经济社会要素快速汇集，有力拉动城市经济发展，历史文化名城得以松绑，五大道等历史文化街区整体保护，大批名人故居修缮开放，迅速吸引了来自世界各地参观者的目光。再说南京市，今天南京历史城区早已不堪重负。昨天晚上，和南京博物院龚良院长在街上散步时，有很多感慨。过去南京老城的主干道上有6~8条高大的行道树。而今天只剩下两条行道树，有的地方还断断续续，城市环境、城市面貌、城市特色都发生了很大变化。因此，必须更加坚决地贯彻“保老城，建新城”，将重要的大型建设项目，需要扩建发展的机关、医院、学校等单位，迁至新城。

吴良镛先生提出“积极保护，整体创造”的主张。南京城墙遗址公园、钟山文化景观、夫子庙民俗文化景观、汤山猿人遗址公园、中山大道、内秦淮河、大报恩寺国家考古遗址公园以及沿江工业遗产公园等，都具有实施“积极保护，整体创造”的有利实践条件。应突出和彰显城市特色，对于六朝文化、明代文化、民国文化和山水文化等，都应有一定地段的整体保护展示。同时应加强中国历史文化名街和历史文化名村的保护，在有条件的地点实现社区博物馆和生态博物馆。

在福建省“历史文化名城名镇名村保护工作”检查会议上的讲话

（2011 年 7 月 29 日 · 福建福州）

福建省是文化遗产资源大省，现有国家级历史文化名城4座，中国历史文化名镇名村23个，全国重点文物保护单位85处。其中福州市有全国重点文物保护单位17处。福建省政府和福州市政府重视历史文化名城名镇名村保护工作，取得了显著成绩，彰显了保护决心。例如三坊七巷历史文化街区的保护。三坊七巷是福州市内保存下来最完整，最有特色，最具文化底蕴的历史文化街区。福州市政府组织编制了《福州三坊七巷文化遗产保护规划》，投入大量资金用于三坊七巷保护。自2006年三坊七巷历史文化街区保护工程启动以来，在保护三坊七巷原有建筑风貌、街道格局的基础上，传承了当地生活形态和非物质文化遗产，形成了具有鲜明地域特色和浓郁文化氛围的历史街区，广受社会各界的欢迎。福建省和福州市在老城保护与改造方面做出了有益的探索和尝试，摸索出了一条城市建设和文化遗产保护协调发展的新路。

关于进一步加强历史文化名城名镇名村保护工作，我提出几点意见。

一是探索历史文化名城保护的新模式。当前。我国正在经历城市化快速发展的时期，对于历史文化名城的保护，应坚持保老城、建新城的战略目标，减轻老城建设压力，为老城松绑。对于历史文化名城名镇名村的保护与利用，应遵循全面评估、积极保护、整体改造的思路，大胆设想、小心求证、务实推进，提倡渐进式、有机更新的日常养护和小规模整治模式，反对大拆大建，探索通过建立生态博物馆、社区博物馆等方式，将历史文化名城名镇名村的保护成果惠及广大民众，通过历史文化名城保护促进社会经济文化的全面发展。

二是历史文化名城保护要坚持以人为本。在历史街区得到有效保护的前提下，一方面要积极采取措施，主动吸引广大民众参与到历史文化名城的保护中来，使之积极支持并参与相关保护工作；另一方面，可以通过对历史文化名城中现有文物建筑内部设施的适度改造，以及水、电、通信等基础设施的不断改善，使老城区能够基本满足现代生活的需要，为居民生活提供应有的便

福建长汀城墙（2011年6月25日）

利，延续其历史文化传统，实现历史文化名城保护与群众生活改善的有机结合，有效发挥历史文化名城保护对当地经济社会和文化和谐发展的重要作用。

三是进一步理顺历史文化名城的管理机制，完善相关决策机制。在涉及历史文化名城的相关决策中，尤其是城市改造等大型建设项目，要事先充分听取相关单位和当地民众的意见，加强与文物部门的联系、沟通，建立并不断完善建设、规划、文物等部门有效合作机制，尊重文化遗产所在地广大民众的文化权益，正确处理好建设与保护的关系。通过沟通、协调，以及多部门合作参与，共同做好历史文化名城保护工作。

四是加强对历史文化名城保护规划的后续监管。要大力抓好历史文化名城保护规划的编制工作，从区域经济、文化、社会可持续发展的高度统筹考虑，科学规划，实现历史文化名城的整体保护，而且要采取严格有效的措施确保规划得到具体实施，并加强对规划实施情况的后续监督、管理工作，使规划能够真正落到实处，能满足历史文化名城保护工作的实际需要。同时，也要特别注意历史文化名城保护规划与其中的文物保护单位保护规划的衔接。

在天津市“历史文化名城名镇名村保护工作”检查会议上的讲话

（2011年8月8日·天津）

天津历史悠久，文化底蕴深厚，素有“中国近代百年历史看天津”之誉。1986年天津被国务院公布为第二批国家历史文化名城，杨柳青镇、蓟县西井峪村分别在2008年和2010年被住房和城乡建设部和国家文物局公布为中国历史文化名镇、中国历史文化名村。天津现有世界文化遗产1处，全国重点文物保护单位15处，市级文物保护单位113处，区县级文物保护单位155处，建成区登记不可移动文物达391处。历史文化街区14个，还公布了742幢历史风貌建筑。

近年来，天津历史文化名城保护受到国家领导人的高度重视，连续对专家反映的天津历史文化名城保护工作存在问题做出了重要批示。住房和城乡建设部与国家文物局组成联合调查组赴天津进行了专题调研。同时，专家学者和社会各界广泛关注历史街区的保护利用，曾多次呼吁停止对估衣街和五大道建筑群的破坏。许多专家还在考察五大道建筑群后认为具有突出的历史、建筑和艺术价值，具备申报世界文化遗产的潜力。

去年以来，天津市在历史文化名城和文化遗产保护方面取得重要成果，有诸多值得总结的经验。首先是天津市在历史文化名城和文化遗产保护方面的正确理念，特别是确立了“保护老城，发展滨海新区”的总体思路，在经济社会得到快速持续发展的同时，历史城区也获得了整体保护的机遇。在这方面为全国历史文化名城保护树立了榜样，提供了新的经验。其次是天津市历史文化名城的保护思路不断深化，内容不断拓展，文化遗产的保护类型不断丰富。目前天津市文物部门已经登记备案的不可移动文物达1300余处。积极申报五大道建筑群为第七批全国重点文物保护单位，开展了一批文物建筑的维修保护工程。第三是在市政府的统一指挥下，建立起规划、建设、国土、文物等部门的有效合作机制。市规划局、市国土房管局和市文物局等职能部门合理分工，密切协作，形成合力，不断通过试点，深化保护理念，使历史文化名城名镇名村、历史文化街区和文化遗产的保护力度不断加强，成果不断显现。

借此机会，就加强历史文化名城名镇名村保护工作谈几点意见。

天津历史文化名城名镇名村检查汇报工作会（2011年8月8日）

一是明确历史文化名城整体保护的工作思路。天津城市发展在经历“卫城”“租界时期”和“北洋时期”等几个重要历史时期，形成了城市独特的地域文化特色。天津历史文化名城的保护，应进一步坚决落实“保老城、建新城”的总体思路，进一步提高对文化遗产价值的认识，不断加强对文物保护单位、历史建筑、历史街区和城市传统格局与风貌，以及城市空间形态的有效保护。要继续对文化遗产资源进行全面评估，例如天津解放北路等历史文化街区也极具保护意义与价值，也应借鉴五大道历史街区保护的经验，提倡“积极保护、整体创造”的理念，大胆设想、小心求证、务实推进，提倡渐进式、小规模有机更新的日常养护和逐步整治的方式，反对大拆大建。

二是依据国务院2006年批准的《天津市城市总体规划（2005—2020）》，大力抓好与历史文化名城保护相关规划的编制工作，从区域经济、文化、社会可持续发展的高度统筹考虑，科学规划，实现历史文化名城的整体保护。制定严格有效的保护措施，并加强对规划实施情况的后续监督、管理工作，使规划能够真正落到实处，满足历史文化名城保护工作的实际需要。同时，也要特别注意历史文化名城保护规划与文物保护单位保护规划的衔接。

三是抓紧开展历史文化名城名镇名村保护的立法工作。抓紧做好《天津市历史文化名城保护条例》的制定和《天津历史风貌建筑保护条例》的修订，做好地方法律、法规与国家法律、法规的衔接工作。严格现有“历史风貌建筑”与“历史建筑”在定义、内涵、认定标准、审批程序等方面的要求。结合完善地方性的法规和保护修缮导则，将不可移动文物纳入保护管理范围，赋予规划、国土房管和文物等部门相应的权利和义务。

在重庆市“历史文化名城名镇名村保护工作”检查会议上的讲话

（2011年10月9日·重庆）

近年来，重庆市在历史文化名城和文化遗产保护方面不断有新的举措、新的经验，因此我们经常有到重庆来考察，与重庆市领导交换意见的机会。

重庆具有3000多年的悠久历史，保存着丰富的文化遗产资源和别具一格的山水城市格局，尤其作为中国近现代历史上一个特殊阶段的见证，抗战遗址、陪都遗址、红岩遗址荟萃集中。1986年，重庆市被国务院公布为第二批国家历史文化名城。重庆市域范围内还有中国历史文化名镇名村16个，各级文物保护单位1690处。

近年来，重庆市编制了《重庆市抗战遗址保护规划》，抢救性维修保护新华日报总报旧址、通远门城墙等文物建筑，修建中国民主党派历史陈列馆、李子坝抗战遗址公园，使重庆丰富的历史文化遗产得到进一步继承与弘扬，城市风貌特色得到进一步强化。重庆社会各界对历史文化保护的认识不断扩展，由文物保护单位“点”的保护，扩展至历史文化街区、历史地段“线”“面”的保护，由静止的博物馆式的保护，发展至动态的开放式保护，由历史遗产的保护，扩展至城市历史风貌、历史环境的保护，使重庆历史文化名城特色突出，巴渝风格彰显。

刚才，听到重庆市又提出“传承城市文脉，做好山水文章”的思路。这一思路很有战略眼光和文化气魄，既符合国际历史性城市保护与发展的趋势，又符合重庆市的实际情况。

当前，我国正在经历城市化快速发展的时期，对于历史文化名城的保护，应坚持保老城、建新城的战略目标，减轻老城建设压力，为老城松绑。对于名城名镇名村的保护与利用，应遵循全面评估、积极保护、整体改造的思路，大胆设想、小心求证、务实推进，提倡渐进式、有机更新的日常养护和小规模整治模式，反对大拆大建，探索通过建立生态博物馆、社区博物馆等方式，将名城名镇名村的保护成果惠及广大民众，通过历史文化名城保护促进社会经济文化的全面发展。

重庆市国家历史文化名城名镇保护工作情况汇报会（2011年10月8日）

在正定古城整体格局与风貌规划设计方案评审会上的发言

（2012 年 7 月 17 日）

几天前，接到此次会议的通知，就感到眼前一亮，针对“古城整体保护与风貌”进行规划设计，对于国家历史文化名城正定来说，无疑具有重要意义。目前一些国家历史文化名城，自认为已经解决了整体保护与风貌的定位问题，因而不能与时俱进地根据已经变化了的形势加以定位调整，实际上，很多历史文化名城并没有完全解决整体保护与风貌的定位问题，往往所暴露出来的问题也出现在这些方面。应该说，作为历史文化名城，在城市性质确定以后，整体格局与风貌就是最重要的保护内容，具有正确引领发展方向的问题。

近年来，我已经是第四次到正定来学习考察。这次再次到正定，所见所闻，感受到正定历史文化名城保护正处于重要的时期。由于城市化的加速进程，石家庄市城市发展格局的调整与完善等因素，都将对正定历史文化名城的未来发展产生重要影响。的确，今天的决策正确，可以在今后数十年内使正定历史文化名城面对城市化快速发展进程而立于不败之地，甚至可以奠定今后更长时间城市繁荣的基础。当前，正定历史文化名城的发展处于新的十字路口，历史与现代、继承与发展、保护与创新，均需要以文化战略的眼光进行审视。因此今天的讨论具有重要意义。正定抓住城市长远发展的重大原则问题，组织专家学者进行深入研讨，表现出科学审慎的文化态度和高瞻远瞩的文化精神。同时此次规划设计方案，邀请了诸多具有丰富经验的优秀城市规划设计研究单位参与，必然使这项工作获得重要进展。

刚才听了四个规划设计单位的方案介绍，各具特色，很受启发。这些方案都对正定历史文化名城的保护，从性质定位到保护重点提出了明确的观点。例如，北京清华城市规划设计研究院的方案对于正定的历史沿革、历史地理、历史格局、物质遗存特征以及文化特征等方面进行了深入研究，通过中外历史文化名城比较研究，提出城市功能移出古城，面向更大区域的发展战略，多方式、多途径，立体展示古城文化遗产，发挥区域遗产的互动性等主张。上海同济城市规划设计研究院的方案提出正定是“全国格局最完整、特色最突出、价值最高的州府级历史文化名城”，总结了“正定历史文化之中国之最”的12个内容，要求“避免激进的大拆大建，造成不可估量的损失”“避免将工艺粗糙、规制错乱、年代风格混淆的假古董作为一种城市建设策略大规模推行”的意见。天津大学城市规划设计研究院的方案，提出“把文化遗产保护与历史文化名城的景观控制有机结合起来，通过景观单元评析、视觉景观的引导等措施，保护并展示正定古城的传统风貌”，强调“多视野、多层次的保护并营造正定古城的历史环境”。美国派奥设计有限公司方案提出以“千年常山郡，多宝正定城”作为正定的城市定位，即以悠久的历史为主线，以众多的国宝为主题，突出郡府地位，强调城池格局。

关于城市文化定位，我十分赞成刚才张立方先生的观点。虽然正定是佛教圣地，临济祖庭，这是正定的城市文化特色之一，但是对于正定历史文化名城的定位来说，不应该是唯一的定位，不应过分强调佛教对于城市发展的影响，也不宜以“佛都”对未来城市进行定位，因为仅以此定位既不能全面反映正定的文化发展路径和文化特色，也不利于面对未来的可持续发展。城市特色影响文化定位，文化定位体现城市特色，而文化定位一旦形成又必然会强化城市特色。因此，城市定位应该具有一定的前瞻性，既不可脱离实际，又应该有所追求，有明确的目标感和方向性，有可以提升和努力的空间，抓住城市复兴的机遇，激发旺盛的城市活力，促进城市文化的健康发展。

正定应该努力保持和创造自己的文化特色，并让别人更加尊重自己的文化特色。对于历史文化名城的保护与发展，需要高屋建瓴，远见卓识地加以引导并给予有力的政策回应。应该把今天正定历史文化名城的发展，放到历史的长河中和城市化的宏阔背景中，有一个更高的定位，努力建设具有伟大理想和抱负的文

正定古城整体格局与风貌规划设计方案专家评审会（2012年7月17日）

化城市，这一重大决策举足轻重，对未来城市的社会走向、民生质量、文化传承以及可持续发展都将意义深远。一座城市的发展可以“跨越”经济增长的阶段，但是人文特色、人文精神的培育和塑造，必然需要长时期的历史文化积淀，短期“包装”或“打造”难以替代。

首先要深入挖掘历史文化名城的自身特色，即有“自知之明”。我们平常所说的城市特色是与其他城市比较而言的，是指那些“我有他无”的内容。大家都拥有的内容和资源不能称为特色，而文化特色一定是“稀缺的文化资源”。正定就具有“我有他无”的内容，拥有“稀缺的文化资源”。当然对于“我有他无”“稀缺的文化资源”的认识，有时也会随着时代变迁而发生变化，例如江南水乡，在几十年前的江浙地区不是什么“稀缺的文化资源”，然而随着城市化的快速发展，逐渐成为“稀缺的文化资源”，那些失去这一文化特色资源的乡村，目前十分后悔，而坚持自身文化特色的乡村，最终形成了“我有他无”的优势。

对于城市来说也是如此。并不是每一座城市都有机遇拥有突出的文化特色。当今世界，成为独具特色的历史文化名城，具有一般的规律。一是这座城市在历史上一定有过辉煌灿烂的历史，如果不曾繁荣，就不会为今天留下大量高品质的文化遗产；二是如果是一座千年古城，那么在繁荣之后一定经历过一段时间的相对沉寂，昔日的一些城市功能，由于政权更迭、交通方式变化等原因，没有持续地繁荣至今，因此城市中的大量文化遗存避免了因为不间断的建设而荡然无存；三是在当代的发展中，城市决策者准确地把握发展机遇，凸现历史文化名城特色，使文化遗产价值凸现，使城市文化得以振兴。

我十分赞成多方位地定性正定历史文化名城特色、多层次地实施正定的历史文化名城保护。长期以来，对于历史文化名城的保护，我们一贯强调加强历史文化名城、历史文化街区、历史文物古迹三个层次的保护，强调采取“点、线、面”相结合的保护方法。但是对于正定古城整体格局与风貌的保护，还可以采取一些新的保护理念。例如对于文化景观的保护。文化景观的保护更加强调保护人与自然共同创造的文化结晶。我曾经写过一本小书，《走进文化景观遗产的世界》，将文化景观分为8个方面的内容，我认为正定几乎具有这些文化景观内容的全部，包括需要保护“一城四门双十字”的城市类文化景观，保护“众水环抱，高点俯城”的山水类文化景观，保护“九楼四塔八大寺”的宗教类文化景观，保护“自古兵家必争之地”的军事类文化景观，除此以外，在乡村类文化景观、遗址类文化景观、民俗类文化景观和产业类文化景观等方面也都有突出的文化特色，需要加以保护。因此，需要采取多方位、多手段保护这些历史文化遗存。

“保护古城，建设新城”应该是正定在可持续发展中，坚定不移的原则和方针，积极实施政府部门和企事业单位搬迁，努力形成“古新辉映，城河交融”的城市格局。事实证明，只有文化内涵丰富、发展潜力强大的城市才是魅力无穷、活力无限的城市。

“正定拥有最美的古城天际线”。在保护正定古城整体格局与风貌中，保护独具特色的城市天际线十分重要，天宁寺凌霄塔高40.98米，开元寺须弥塔高40.82米，广惠寺华塔高33.35米，临济寺澄灵塔高30.75米，均是难得保留至今著名的唐代建筑，对于古城具有举足轻重的控制作用，应该突出加以强调，成为“以塔刹控制城市天际线的典范”。世界上具有独特魅力的历史性城市，往往都拥有丰富天际线，例如罗马、维也纳、伊斯坦布尔、布达佩斯等。在今天众多城市盲目追求建设高层建筑，使城市形象愈发呈现“千城一面”的时期，正定历史文化名城优美的天际线将独具魅力。同时，保护城市景观视线廊道也应该成为正定历史文化名城保护的重要内容，使城市制高点周边环境得到有效控制。

再如正定作为州府古城中城墙保存最完整、城墙内高级别文物保护单位最集中的历史文化名城，独具特色。因此借鉴近年来大遗址保护、建设考古遗址公园的理念和方法，实现特色突出的环城城墙遗址公园，既有利于保护珍贵的文化遗存，也有利于凸现城市文化特色，还有利于为市民生活增添难得的文化空间，将是实现和智慧的选择。

以上仅仅举几个例子，表明正定历史文化名城的保护与文化振兴具有令人振奋的前景。正定文物遗存“九朝不断代”，在我国州府古城中具有代表性，在我国古代建筑群中具有典型性。实际上还有很多令人向往的保护内容，例如保护正定传统民居建筑特色，结合历史文化街区保护和有机更新，形成活态展示的社区博物馆以及加强唐代“五台山进香道”文化线路保护，加强近现代建筑群保护，加强非物质文化遗产保护，加强老字号和名人故居保护，加强古城古树名木保护等。

今天，城市“文化定位”正在成为许多城市关注的课题，以文化为轴心的城市发展战略，成为越来越多城市的共同选择。我非常赞成刚才张兵先生所讲的关于在历史文化名城保护中改善民生的观点。应该体现出城市的自然环境、建筑艺术和市民素质的和谐结合，应该体现出城市的传统风情、现实生活和文化创造的和谐共生。而不能“见物不见人”。必须在正定历史文化名城保护过程中系统地提升当地居民的现实生活水平。今天评价一座历史文化名城和一处文化遗产保护的成功与否，评价标准应该包括三个方面。首先通过保护要使古城内的文化遗产更加拥有尊严，成为人们向往的地方，成为市民的文化骄傲。二是保护目标要成为促进城市经济和社会发展的积极力量。三是保护成果要惠及广大民众，特别是当地民众的现实生活。

总之，正定历史文化名城应在发展特色城市、魅力城市上下功夫，通过深入发掘城市文化内涵，进行融贯的综合研究，对城市“文化定位”做出积极回应，探索实现城市文化复兴之策，以突出城市综合竞争力中的文化竞争力。建设文化城市，应该成为正定城市发展的鲜明主题，而城市文化特色的维护和发展，则是文化城市建设的先期条件。今天对待城市文化的观念和方式，决定着城市走向未来的步伐。

河北正定古城（2012年7月17日）

在北京历史文化名城保护专家工作会议上的发言

（2013年3月7日）

刚才，听取了黄艳主任关于2013年北京历史文化名城保护的工作要点，内容很丰富。我非常赞成刚才吴良镛先生所说的，有些有利于历史文化名城保护的事情看准了就可以下决心加以实现。今年的工作要点中，提出了很多历史文化名城保护工作目标，其中有几项印象十分深刻，非常重要。

一是关于“积极开展四合院修缮试点工作”。我昨天向全国政协会议提交了16件提案，其中有2件是关于历史街区保护的内容。一个是《关于加强历史街区内传统民居修缮的提案》，另一个是《关于加强历史街区市政基础设施建设的提案》。我认为保护历史街区，必须使历史街区成为令人向往的、拥有尊严的和谐社区。在工作要点中关于实施“解危、解放、解读”工程中有“解放”的说法，能否改为“解困”，一是因为生活在历史街区和文物建筑中的民众生活需要关注，解决他们现实生活中的困难。二是因为大量包括文物保护单位在内的传统民居，因为不合理占用和利用而黯然失色。我不同意王世仁先生刚才说的一些观点，虽然赞成刘恒老师关于“搁置”的大部分观点，但是不完全赞成对于北京传统民居也要“搁置”的意见。我认为保护北京传统民居，在历史文化名城保护中仍然具有非常重要的意义。称作

“四合院”的北京传统民居，在北京地区已经有800年的历史，具有十分强盛的生命力，如果说北京“四合院”不适合现代生活，是指已经失去尊严的“大杂院”不适合现代生活。很多“四合院”也正是因为年久失修和不合理利用变成“大杂院”后，以“危旧房改造”的名义被大批拆除。我在“四合院”和“大杂院”里居住了将近20年，感受过“四合院”的优点和“大杂院”的尴尬。况且北京传统民居构成的历史文化街区，是北京独特的文化景观，特别是在故宫周围的北京传统民居和历史文化街区，更是世界文化遗产保护的重要屏障。因此对于北京传统民居，一方面要停止一切“大拆大建”，另一方面要进行经常性的维护、修缮，进行必要的“有机更新”，改善必要的生活基础设施。

二是关于“推进北京市优秀近现代建筑保护管理办法研究”。在昨天我提交的全国政协提案中还包括《关于加强20世纪遗产保护的提案》和《关于设立当代建筑遗产保护评估机制的提案》。我在提案中提到2005年3月，北京市人大常委会审议《北京历史文化名城保护条例》时，去掉了“历史建筑”中的“历史”二字，即强调今后对文物建筑的保护，将主要考虑其本身的价值，而不仅仅凭它的建筑年代。这一做法在全国近现代文物建筑保护中带了一个好头，产生很好的影响。实际上，早在20世纪50年代，在我国文物保护工作中，就注重保护当代文物建筑，例如刚才吴良镛先生说的人民英雄纪念碑，在建成后仅3年，就于1961年被公布为全国重点文物保护单位。我在提案中建议：“建立当代建筑遗产保护评估机制，凡是具有30年以上历史的当代建筑，在决定改造或拆除前，均须进行遗产价值评估。”

三是“继续推动大运河、中轴线申请世界文化遗产”。大运河北京段和北京传统中轴线，在北京历史文化名城中“一横一竖”，生动地体现出北京历史文化特色。在北京的规划建设中应该更加注重大运河北京段和北京传统中轴线的保护，突出其文化特色。关于大运河、中轴线申报世界文化遗产的目的，主要是有利于纠正现状保护中存在的问题，也有利于进行世界文化遗产监测和社会监督。在这方面西湖申报世界文化遗产的过程可以给予我们很多启发。过去的十年，正是杭州市经济社会蓬勃发展的十年，“上有天堂，下有苏杭”，西湖周边土地和房屋的经济价值，无疑具有巨大的吸引力和诱惑力。但是在杭州市选择了西湖申报世界文化遗产之路，勇敢地捍卫了西湖美丽的文化遗产，使“三面云山一面城”文化景观的真实性和完整性得到了切实的保护。即使当前在申报世界文化遗产的过程中，国际组织和专业咨询机构的审核十分严格，但是对于西湖文化景观的文化价值和保护状况无可挑剔，获得没有争议的全票通过，其评价之高、发言之热烈，为近年来世界遗产委员会会议所罕见。因此，大运河、中轴线申报世界文化遗产要注重过程的美丽。

四是“推动海淀区‘三山五园’景观修复工作”。紫禁城与海淀地区有着深厚的历史渊源，特别是“三山五园”地区和海淀山后地区，这一传统应该继续传承下去。在北京市政府、北京市规划委员会、海淀区的大力支持下，经国务院批准，故宫博物院将在海淀山后建设故宫博物院北院区，主要功能是保护修复故宫博物院的上百万件文物藏品，对修复后的文物藏品进行有序展示。建成以后将成为大规模的文物保护修缮中心、非物质遗产传承中心和中国文物陈列展示中心。我们最近研究了故宫世界文化遗产保护和故宫博物院建设的8年目标。8年以后是2020年，是一个具有象征意义的年份。在今后8年我们将努力实现4项目标：一是把壮美的紫禁城完整地交给下一个600年。二是实施“平安故宫”工程确保故宫平安。三是建设故宫学术研究和文物科技保护平台。四是从“故宫”走向“故宫博物院”。

五是“拓宽名城保护宣传途径，提高公众参与力度”。其中有两点非常关键，一方面是开展历史文化名城保护的培训和举办论坛。今年各级政府换届以后，各地领导干部摩拳擦掌，干劲冲天，这一时期他们对待历史文化名城保护的态度如何十分关键。因此，落实各级领导对于历史文化名城保护的责任，加强对新任区县领导、有关部门领导的历史文化名城和文化遗产保护教育培训，非常重要。另一方面是加强与媒体合作，“让媒体成为名城保护的推动者、倡导者、谏言者和参与者”。最近，关于在故宫铁缸被涂画和筒子河被扔垃圾的事情，成为公共文化事件，数百家媒体参与讨论，批评不文明行为，倡导社会公德，取得日常宣传劝阻所难以达到的效果。在加大历史文化名城保护方面，公共宣传十分重要，因为历史文化名城、历史街区内居住着千百万居民，每年还有千百万游客进入北京的文物景区参观，因此，要扩大历史文化名城宣传的范围和加大宣传的力度，不能见“物”不见“人”，过于物质化地看待历史文化名城保护。

在承德市历史文化名城保护规划专家论证会上的发言

（2013年12月10日）

今年，有机会两次参加关于承德市历史文化名城保护方面的会议，一次是今年9月中旬参加了承德市普宁寺南侧地块规划方案汇报会，今天又参加了承德市历史文化名城保护规划专家论证会。一次微观、一次宏观，但是都反映出承德市在城市规划建设和历史文化遗产保护方面的慎重态度。

此次，承德历史文化名城保护规划，包括39375平方千米的市域范围，而不仅仅是1250平方千米的中心城区，这是非常重要的规划原则，对于承德必须整体研究城市文化保护问题。记得在上次参加讨论普宁寺南侧地块规划方案时我曾经说过，在我国，可能没有第二处地方能拥有这么多的“桂冠”，既是国家历史文化名城，又是国家重点风景名胜区，还是国家甲类开放城市；既是全国重点文物保护单位，又是世界文化遗产，还是中国四大名园。因此承德的规划和建设必然令人瞩目，需要具有足够的智慧，也必然会迎接不可避免的挑战。

对承德历史文化名城价值保护与特色的保护，是承德历史文化名城保护工作的核心内容。那么什么是承德历史文化名城所具有的突出普遍价值和特色呢？在规划中做出了很好的回答。首先，承德与北京故宫和“三山五园”地区，共同形成了清朝早中期中国政治、军事、宗教等领域不可分割的权力中心，是我国统一多民族国家巩固和发展的重要物质空间。其次，承德避暑山庄和周围寺庙集皇家设计思想、审美境界于一体，是中国古代园林艺术及多民族建筑艺术的集大成者。三是，承德独特的山庄城市一体的发展模式及空间特征，是我国山水城市的独一类型，是我国重要的避暑胜地，也是北方丹霞山城的代表城市。同时，承德境内拥有年代与类型极为多样的长城防御体系遗存，是中原民族与北方游牧民族长期碰撞、交流与融合的重要历史见证。

长期以来，我们在研究历史文化名城保护规划时，一般是建立历史文化名城整体层次、历史文化街区、文物保护单位和历史建筑三个层次的保护框架。实际上，近年来随着人们对文化遗产内涵和价值认识的逐步深化，促使人们从更广阔的视野、更深入的角度去分析和梳理文化遗产之间的内在联系，探索和建立新的文化遗产类型和相应的保护方式、手段、体系，受到关注的文化遗产类型也在不断扩充，保护和控制的内容也在发生着变化，其中比较突出的是对于文化景观、文化空间、文化线路、系列遗产，以及民间文化遗产和非物质文化遗产的保护。其中文化景观遗产的提出和相关保护理论的进步，涉及文化遗产保护学科的重大发展，成为世界文化遗产保护的重点。

我认为文化景观遗产包括八个方面的类型，即城市类文化景观、乡村类文化景观、山水类文化景观、遗址类文化景观、宗教类文化景观、民俗类文化景观、产业类文化景观、军事类文化景观等，而“老区外庙拱卫山庄，三水两轴群峰环绕”的承德，是在我国城市中集中包括全部各类文化景观的少数历史文化名城之一，因此十分难得。这些不同类型的文化景观，依托所处的自然环境，深刻地反映出人类与自然之间的和谐进化历程。因此，应将文化景观保护作为历史文化名城保护的重要内容。

我国古代皇家园林，与都城和宫殿建筑并行发展，其规模宏大，或由人工建造，或以自然山水改造成为宫苑，建筑物风格浑厚雄伟，富于宫廷气派。清代修筑的皇家园林，主要分布于北京西北郊和承德两地，代表清代造园艺术的精华。承德避暑山庄位于群山环抱之中，峰峦重叠、清流萦绕、林木葱郁，盛夏凉爽宜人。避暑山庄占地达560公顷，可以分为宫殿区、湖泊区、平原区、山岳区，创造了山、水、建筑浑然一体，而又富于变化的文化景观。在这一系统中，无论是作为自然形态的山体、水面、林木，还是作为人类活动成果的建筑物和构筑物，它们的地位、作用和价值都同等重要，都是使这些自然景观和文化景观价值升华的主体。就像一幅我国传统山水绘画上山、水、植被、建筑、景物之间的关系一样，是大的艺术框架之内不可或缺的有机整体。

此次规划，不但包括了避暑山庄和外八庙文化景观保护，还涉及了清帝北巡御道文化线路保护、近现代工业遗产保护和非物质文化遗产保护。随着保护对象从历史文化街区、文物保护单位和历史建筑等向这些新型文化遗产保护方面延伸和扩展，承德历史文化名城保护也必然呈现出新的气象。

在承德历史文化名城保护规划的实施和管理措施深化时，需要特别关注两个方面。一是在历史文化名城保护规划实施中，要突出强调“中疏战略”的重要性，历史城区内总人口规模、总建筑面积必须做到只减不增，而且要逐渐减少引发大量交通和物质集散的设施，坚决实现“保护老城，建设新区”的战略措施。二是严格保护避暑山庄和外八庙世界文化遗产空间格局的完整性，切实对缓冲区视域内建筑高度进行综合控制，减少和避免在避暑山庄和外八庙中间地带建设现代居住建筑，避免高层建筑物和大体量建筑群对文化景观造成破坏。

河北承德避暑山庄及外八庙（2013年5月4日）